T0194120

essentials

essentials liefern aktuelles Wissen in konzentrierter Form. Die Essenz dessen, worauf es als „State-of-the-Art" in der gegenwärtigen Fachdiskussion oder in der Praxis ankommt. *essentials* informieren schnell, unkompliziert und verständlich

- als Einführung in ein aktuelles Thema aus Ihrem Fachgebiet
- als Einstieg in ein für Sie noch unbekanntes Themenfeld
- als Einblick, um zum Thema mitreden zu können

Die Bücher in elektronischer und gedruckter Form bringen das Expertenwissen von Springer-Fachautoren kompakt zur Darstellung. Sie sind besonders für die Nutzung als eBook auf Tablet-PCs, eBook-Readern und Smartphones geeignet. *essentials:* Wissensbausteine aus den Wirtschafts-, Sozial- und Geisteswissenschaften, aus Technik und Naturwissenschaften sowie aus Medizin, Psychologie und Gesundheitsberufen. Von renommierten Autoren aller Springer-Verlagsmarken.

Weitere Bände in der Reihe http://www.springer.com/series/13088

Renate Hammer · Mathias Wambsganß

Planen mit Tageslicht

Grundlagen für die Praxis

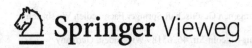
Springer Vieweg

Renate Hammer
Wien, Österreich

Mathias Wambsganß
München, Deutschland

ISSN 2197-6708   ISSN 2197-6716   (electronic)
essentials
ISBN 978-3-658-30193-4   ISBN 978-3-658-30194-1   (eBook)
https://doi.org/10.1007/978-3-658-30194-1

Die Deutsche Nationalbibliothek verzeichnet diese Publikation in der Deutschen Nationalbibliografie; detaillierte bibliografische Daten sind im Internet über http://dnb.d-nb.de abrufbar.

© Springer Fachmedien Wiesbaden GmbH, ein Teil von Springer Nature 2020, korrigierte Publikation 2020

Wissenschaftliches Lektorat: Dr. DI Peter Holzer und Johannes Zauner, M.Sc.
Grafik: DI Philipp Stern

Planung/Lektorat: Frieder Kumm
Springer Vieweg ist ein Imprint der eingetragenen Gesellschaft Springer Fachmedien Wiesbaden GmbH und ist ein Teil von Springer Nature.
Die Anschrift der Gesellschaft ist: Abraham-Lincoln-Str. 46, 65189 Wiesbaden, Germany

Was Sie in diesem *essential* finden können

- Dieses *essential* verschafft einen raschen und gut fundierten Einblick in die Tageslichtplanung.
- Die wichtigsten Grundlagen werden veranschaulicht und lichttechnische Grundgrößen verständlich erklärt.
- Zielvorgaben, Methoden und Werkzeuge für die Planung mit Tageslicht werden praxisnah dargestellt.
- Bewertungsgrundlagen für Tageslichtqualität im Innenraum werden vermittelt.
- Die Wirkung von visueller und nicht visueller Wahrnehmung auf den Menschen wird verdeutlicht.
- Schnittstellen zu Planungsdisziplinen im Kontext der Tageslichtplanung werden erläutert.

Inhaltsverzeichnis

Was ist Tageslicht

Die ursächliche Quelle des Tageslichts auf der Erde ist die Sonne. Vereinfacht kann die Sonne als punktförmige Strahlungsquelle verstanden werden, die solare Strahlung in Form elektromagnetischer Wellen annähernd gleichmäßig in alle Raumrichtungen abgibt. Das von der Sonne emittierte Strahlungsspektrum erstreckt sich von der kurzwelligen Gammastrahlung bis weit in den Bereich der langwelligen Radiostrahlung (s. Abb. 1.1). Das Teilspektrum im Wellenlängenbereich zwischen 380 nm und 780 nm wird als Licht bezeichnet und umfasst jene Strahlungsanteile, die beim Menschen visuelle Wahrnehmungen hervorrufen. Unterhalb von 380 nm grenzt der ultraviolette Spektralbereich an, oberhalb von 780 nm der infrarote Spektralbereich. Die Strahlung dieser drei Bereiche wird auch als optische Strahlung bezeichnet, da ihre Ausbreitung durch das Modell der geometrischen Optik veranschaulicht werden kann (vgl. Völker 2016).

Die Sonne ist von der Erde rund 149.600.000 km entfernt. Da der Erddurchmesser mit 12.753 km im Vergleich zu jenem der Sonne mit 1.390.000 km sehr klein ist, trifft nur ein geringer Teil der solaren Strahlung in einem engen annähernd parallelen Strahlenbündel die Erde. Durch die Rotation der Erde um ihre eigene Achse, bewegt sich die Erdoberfläche in Bezug auf dieses Strahlenbündel in einem 24 stündigen Zyklus. Phasen der Belichtung und der Verschattung folgen aufeinander, sodass für den Beobachter auf der Erde Tag und Nacht entstehen. In der Zeitspanne eines Jahres rotiert die Erde etwa 365 mal um sich selbst und vollzieht gleichzeitig einen Umlauf um die Sonne. Die Rotationsachse der Erde schließt dabei mit der Normalen auf die Ebene der Erdumlaufbahn einen Winkel von etwa 23,5° ein. Während die Erde die Sonne im Jahresgang

Die Originalversion dieses Kapitels wurde überarbeitet. Ein Erratum zu diesem Kapitel finden Sie unter https://doi.org/10.1007/978-3-658-30194-1_6

© Springer Fachmedien Wiesbaden GmbH, ein Teil von Springer Nature 2020,   1
korrigierte Publikation 2020
R. Hammer und M. Wambsganß, *Planen mit Tageslicht*, essentials,
https://doi.org/10.1007/978-3-658-30194-1_1

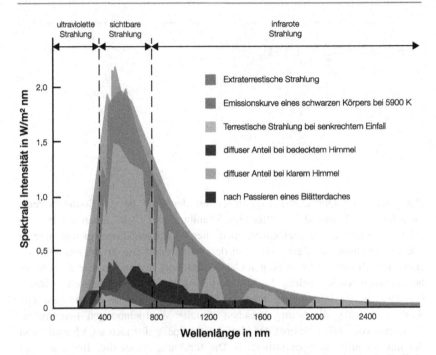

Abb. 1.1 Spektralverteilte Intensität der Solarstrahlung beim Durchgang durch die Erdatmosphäre bei senkrechter Strahlung

umläuft, ändern sich daher der Einfallswinkel der Sonnenstrahlen auf die Erdoberfläche und damit das jeweilige Verhältnis der Dauer von Tag zu Nacht. Für den Beobachter auf der Erde prägen sich dadurch Jahreszeiten im Wechsel von Sommer, mit langen Tagen und kurzen Nächten, und Winter, mit kurzen Tagen und langen Nächten, aus. Die jahreszeitliche Verschiebung der Länge von Tag und Nacht ist mit zunehmendem Abstand zum Äquator stärker ausgeprägt (s. Abb. 1.2).

Während die solare Strahlung den leeren Raum des Alls über große Distanzen weitgehend unverändert durchdringt, zeigen sich beim Durchtritt durch die Erdatmosphäre, aufgrund von Interaktion mit der hier vorliegenden Materie, die physikalischen Phänomene der Absorption und der Streuung (vgl. Gueymard 2004). Als Absorption wird jene Wechselwirkung bezeichnet, bei der die Energie der Strahlung an Materie abgegeben wird. So wird beispielsweise in der stratosphärischen Ozonschicht die ultraviolette Strahlung in den kurzwelligen Spektralbereichen B und C, mit Wellenlängen unterhalb von 290 nm, von O_3 Molekülen absorbiert. In der Troposphäre absorbieren Aerosole und Spurengase wie H_2O, CO_2, N_2O, CH_4 und FCKWs Strahlungsanteile des infraroten Spektralbereichs.

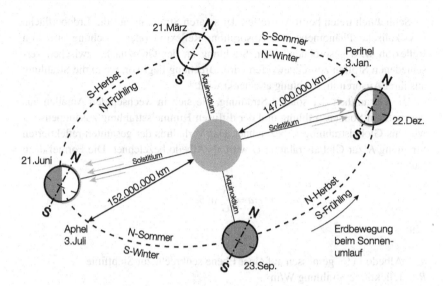

Abb. 1.2 Schema der räumlichen Konstellation der Beleuchtung der Erde durch die Sonne

Als Streuung werden Absorptionsemissionsprozesse bezeichnet. Von Rayleigh-Streuung spricht man, wenn Wellen auf gleichmäßig verteilte Streuzentren mit, im Vergleich zur Wellenlänge, kleinem Durchmesser treffen. Diese Konstellation besteht etwa, wenn die solare Strahlung auf die in der Erdatmosphäre vor-liegenden N_2 Moleküle trifft. Bei Rayleigh-Streuungen ist die Streuwahrschein-lichkeit im kurzwelligen Strahlungsanteil statistisch deutlich höher als im langwelligen. Für das Sonnenlicht bedeutet das, dass der kurzwellige violette und blaue Spektralanteil häufiger gestreut wird, als etwa der langwellige rote. Das Himmelsgewölbe erhält dadurch sein charakteristisches flächig blaues Leuchten.

Treffen Wellen auf Streuzentren, deren Durchmesser etwa der Größe der inter-agierenden Wellenlängen entspricht, wie das beispielsweise bei Sonnenlicht und Wassertröpfchen oder Staubpartikeln der Fall ist, werden alle Spektralanteile statistisch gleich häufig gestreut. Wolken erschienen daher im Farbeindruck weiß bis grau. Man spricht von Mie-Streuung.

Die annähernd parallele Ausrichtung der Sonnenstrahlen geht durch Streuung verloren. Beeinflusst durch die Länge der Wegstrecke, welche die Solarstrahlung durch die Atmosphäre zurücklegt, sowie durch das jeweils lokal vorliegende Partikelgemisch, breitet sich die ursprünglich gerichtete Sonnenstrahlung zunehmend diffusiert als Himmelsstrahlung aus.

Schließlich treten beim Auftreffen der solaren Strahlung auf die Erdoberfläche physikalische Phänomene wie Absorption, Reflexion oder Brechung auf. Von Reflexion wird gesprochen, wenn Strahlung an der Grenzfläche zwischen verschiedenen Stoffen zurückgeworfen wird. Brechung liegt vor, wenn die Strahlung aus ihrer Ausbreitungsrichtung abgelenkt wird.

Die Gesamtheit der solaren Strahlung, die sich in wechselnden Anteilen aus der direkten Sonnenstrahlung und der diffusen Himmelsstrahlung zusammensetzt wird als Globalstrahlung G bezeichnet. Das Verhältnis der gesamten reflektierten Strahlung R zur Globalstrahlung G wird als Albedo bezeichnet. Die Formel dazu lautet:

$$a = \frac{R}{G} \text{ in } \%$$

Mit:

a Albedo in %, gemessen auf einer Ebene senkrecht zur Sichtlinie
R reflektierte Strahlung W/m^2
G Globalstrahlung W/m^2

Die beschriebenen Prozesse führen dazu, dass Tageslicht einer ständigen dynamischen Veränderung unterliegt und ganz unterschiedlich ausgeprägt sein kann, was bei der Planung mit Tageslicht speziell zu berücksichtigen ist. So erreicht die, durch das Tageslicht hervorgerufene, Beleuchtungsstärke an trüben Tagen und bei niedrigem Sonnenstand nur geringe Werte von etwa 5000 lx. Der Anteil an gerichteter Strahlung ist unter solchen Bedingungen vernachlässigbar. Dem gegenüber kann die Beleuchtungsstärke an klaren Tagen bei hohem Sonnenstand auf über 100.000 lx ansteigen. Der Diffuslichtanteil sinkt dabei auf Werte um 20 %. Darüber hinaus kann das leuchtende Himmelsgewölbe unterschiedliche Farbigkeit zeigen. Die Farben werden durch die Angabe der Farbtemperatur beschrieben. Etwas vereinfachend definiert, bezeichnet die Farbtemperatur jenen Farbeindruck, der von der Strahlung hervorgerufen wird, die ein idealer schwarzer Körper bei einer bestimmten Temperatur, angegeben in Kelvin, abgibt. So erscheint der Himmel innerhalb einer Bandbreite von Farbtemperaturen zwischen etwa 2600 K und bis über 10.000 K, beispielsweise orange, blau oder nahezu weiß (vgl. Muneer 2004; Deutsche Lichttechnische Gesellschaft 2016).

Warum ist Tageslichtplanung relevant
Die evolutionäre Entwicklung des Menschen erfolgte im Außenraum, welcher in grundlegenden Qualitäten, wie Helligkeit oder Temperatur, durch die solare Strahlung bestimmt ist. Es erscheint daher naheliegend, dass der Mensch in

vielfältiger Weise auf die solare Strahlung reagiert. Die Rezeption erfolgt über die Augen und die Haut auf nahezu der gesamten Körperoberfläche. Durch die natürliche solare Bestrahlung werden unterschiedlichste Wirkungen hervorgerufen. Grundsätzlich unterscheidet man zwischen visuellen und nicht visuellen Wirkungen.

Das visuelle System des Menschen umfasst Auge, Sehbahn und die primäre Sehrinde im Großhirn. Die für Licht reizadäquaten Rezeptorzellen befinden sich in der Netzhaut im Inneren des Auges. Sie liegen dort in den Ausprägungsformen von Stäbchen und drei unterschiedlich empfindlichen Zapfen vor. Um diese Rezeptoren zu erreichen, passiert das Licht den dioptrischen Apparat, der die Gesamtheit der lichtdurchlässigen Medien des Auges umfasst und die einfallende Strahlung so bündelt, dass sie fokussiert auf den Netzhautbereich mit der größten Dichte an Rezeptorzellen auftrifft. Aufgrund seiner Form wird dieser Bereich als Sehgrube oder Fovea bezeichnet. In den Stäbchen- und Zapfenrezeptorzellen findet die Umwandlung des Lichts als externer optischer Reiz in körpereigene elektrische Erregungspotentiale statt. Die Überführung dieser Erregungspotentiale in erkennbare Muster erfolgt durch neuronale Verschaltungen innerhalb und zwischen den Teilbereichen des visuellen Systems. In der primären Sehrinde entsteht, als Ergebnis des visuellen Wahrnehmungsprozesses, ein bewusstes Bild unserer Umgebung. Dabei spielen Erfahrung, Gedächtnis und die Interaktion mit anderen Sinnen eine wesentliche Rolle.

Unter Tagesbedingungen und bei Leuchtdichten zwischen $0,001\,\text{cd/m}^2$ und $10^4\,\text{cd/m}^2$ sind im menschlichen Auge die Zapfenrezeptoren in ihren drei Typen aktiv. Das ermöglicht eine, diesen Lichtbedingungen entsprechend umfassende, farbige visuelle Wahrnehmungsleistung, die als photopisches Sehen oder Tagsehen bezeichnet wird. Bei Leuchtdichten zwischen $0,001\,\text{cd/m}^2$ und $3\,\text{cd/m}^2$ sind neben den Zapfen auch die Stäbchenrezeptoren aktiv. Man spricht vom Dämmerungssehen, oder mesopischem Sehen, mit einer ausgeprägteren Wahrnehmung blauer Farbtöne. Unterhalb einer Leuchtdichte von $0,001\,\text{cd/m}^2$ sind nur mehr die Stäbchenrezeptoren in der Lage Lichtreize zu visuellen Eindrücken, in Form von Graustufenbildern, zu verarbeiten. Mit zunehmender Dauer der Anpassung an ein geringes Helligkeitsangebot nimmt die Empfindlichkeit dieser Rezeptoren zu. Die untere Wahrnehmungsschwelle liegt bei etwa $0,000001\,\text{cd/m}^2$. Man spricht von skotopischem Sehen oder Nachtsehen (vgl. Schierz 2016).

Über das Auge werden auch Lichtreize vermittelt, die keine visuellen Wirkungen und damit keine Bildwahrnehmung hervorrufen. Als Rezeptorzellen für diese nicht visuellen Wirkungen dienen einfache neuronale Ganglienzellen, die als intrinsisch photosensitive retinale Ganglienzellen, abgekürzt mit ipRGC, oder auch als *melanopsin containing* Ganglienzellen, kurz mc-Ganglienzellen, bezeichnet werden. Sie sind für Licht im blauen bis blaugrünen Spektralbereich empfindlich. Die in den Ganglienzellen entstehenden Erregungspotentiale werden direkt in zentrale Hirnkerne und von dort über eine neuronale Schleife durch das obere Rückenmark zurück in die zentrale Hirnregion zur Zirbeldrüse übermittelt. Generiert wird dadurch eine grundlegende Information über die Abfolge von Tag und Nacht, als Basis für die Ausprägung von zyklisch wechselnden Aktivitätsniveaus im menschlichen Organismus, die den äußeren Bedingungen entsprechen (vgl. Plischke 2016).

Etliche weitere nicht-visuelle Wirkungen im gesamten terrestrischen solaren Spektrum werden über die Haut vermittelt. So ruft die Einwirkung von Strahlung im UV-B Spektralbereich etwa eine Bräunung dieses Organs hervor. Ebenfalls durch ultraviolette Strahlung im UV-B Spektralbereich wird die Photosynthese von Pre-Vitamin D_3 angestoßen, das im Körper in Vitamin D umgesetzt wird, welches beispielsweise für die Modulation des Immunsystems und die Stabilität des Skeletts wesentlich ist (vgl. CIE 2006). An dieser Stelle ist darauf hinzuweisen, dass handelsübliche Gläser für die Bauanwendung im ultravioletten Spektralbereich mit abnehmender Wellenlänge rasch an Transparenz verlieren. Die Strahlungsversorgung in diesem Spektralbereich kann daher nur durch unmittelbaren Kontakt während des Aufenthalts im Freien erfolgen. Bestrahlung im sichtbaren Spektralbereich befähigt die Haut zum Abbau von Bilirubin, das dort bei ungenügender Leberfunktion als Abfallprodukt angereichert wird (vgl. DIN 5031-0 2000). Für den Übergang vom roten zum infraroten Spektrum sind Wirkungen bekannt, welche die Zellatmung und in Folge die Reproduktion von DNA-Strukturen fördern. Dadurch wird etwa die Heilung von Wunden verbessert (vgl. Karu 2010).

Darstellung des Gebäudes im natürlichen Lichtraum

2

Erste grundlegende Aufgabe der Tageslichtplanung ist es, ein Gebäudevolumen entsprechend der Planungsabsichten in den natürlichen Lichtraum am Standort einzufügen oder die Konfiguration eines bestehenden Gebäudes darin zu erfassen. Wie bereits beschrieben prägen zwei unterschiedliche Komponenten diesen, sich ständig verändernden, Lichtraum ursächlich, nämlich das diffuse Himmelslicht und das gerichtete Sonnenlicht.

Aufgrund der Rotationsbewegungen der Erde in Bezug zur Sonne entsteht für den Beobachter auf der Erde der Eindruck, dass die Sonne sich auf bestimmten bogenförmigen Bahnen über das Himmelsgewölbe hinweg bewegt. Diese Bahnen verändern sich von Tag zu Tag zyklisch über den Jahresgang hinweg und zeigen, je nach Distanz des Standortes der Beobachtung vom Erdäquator, ein spezifisches Gesamtbild. Dieses kann als Sonnenstandsdiagramm dargestellt werden (vgl. OENORM M 7701 2004). Je nach gewähltem Projektionsverfahren ergeben sich unterschiedliche Diagrammformen (s. Abb. 2.1).

Bei der Darstellung des Sonnenstandsdiagramms in horizontaler beziehungsweise zylindrischer Projektion wird auf der x-Achse die Gradabweichung, bezogen auf die Richtung des Sonnenhöchststandes, aufgetragen. Einem, auf eine vertikale Projektion zurückgehenden, in Polarkoordinaten dargestellten, Sonnenstandsdiagramm ist eine Windrose hinterlegt, was die räumliche Bezugnahme zu einem konkreten Ort vergleichsweise einfach macht.

Sonnenstandsdiagramme enthalten wesentliche Informationen über die Charakteristika des natürlichen solaren Strahlungsraums an einem konkreten Ort. Derartige Diagramme bieten daher eine Grundlage für die Tageslichtplanung. Es kann etwa die Ausrichtung des Bündels an annähernd parallelen Strahlen, das von der Sonne kommend als Direktstrahlung auf die Erde auftrifft, zu jedem Zeitpunkt des Jahres und für jeden Beobachtungspunkt bestimmt werden.

© Springer Fachmedien Wiesbaden GmbH, ein Teil von Springer Nature 2020
R. Hammer und M. Wambsganß, *Planen mit Tageslicht*, essentials,
https://doi.org/10.1007/978-3-658-30194-1_2

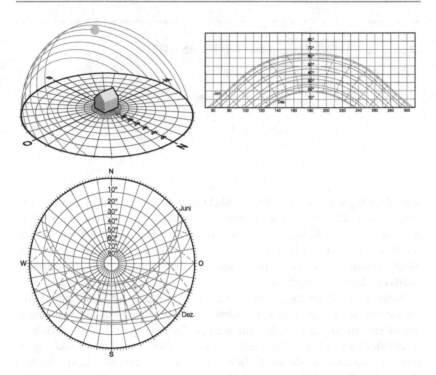

Abb. 2.1 Unterschiedliche Darstellungsformen von Sonnenstandsdiagrammen

Um ein Sonnenbahndiagramm in vertikaler Projektion interpretieren zu können, wird gedanklich eine die Erde umgebende Himmelskugel eingeführt. Der astronomische, auch mathematische, Horizont ist dann die Schnittlinie der Horizontalebene auf der sich ein Beobachter auf der Erde befindet mit dieser Himmelskugel (s. Abb. 2.2).

Jener Punkt im östlichen Bereich des astronomischen Horizonts, an dem die Sonne infolge der Erdrotation sichtbar wird und für den Beobachter scheinbar emporsteigt heißt Aufgangspunkt. Jener Punkt am westlichen Horizontbereich, an dem die Sonne infolge der Erdrotation der Sicht entzogen wird und für den Beobachter scheinbar untergeht, heißt entsprechend Untergangspunkt. Der Tagbogen ist jener Teil der Sonnenbahn, der sich über dem astronomischen Horizont befindet. Entlang des Tagbogens gleitet die Sonne für den Beobachter scheinbar von Ost nach West. Als besonders praktikabel erweist sich die Darstellung der Tagbögen des jeweils 21. Tags eines Monats, weil die Bögen dann an zwei

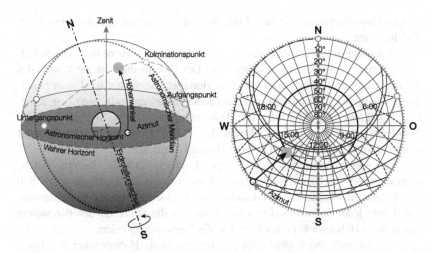

Abb. 2.2 Elementare Inhalte eines Sonnenstandsdiagramms

jahreszeitlich unterschiedlichen Tagen beispielsweise dem 21. März und dem 21. September deckungsgleich sind. Lediglich die äußersten Bögen stellen mit der Wintersonnenwende am 21. Dezember beziehungsweise der Sommersonnenwende am 21. Juni nur jeweils einen Tag dar.

Zumeist erheben sich die natürliche Topographie und möglicherweise umstehende Gebäude über den astronomischen Horizont. Man spricht von Horizontüberhöhung. Die direkte Sonneneinstrahlung wird durch die Überhöhung vom Beobachter abgeschirmt. Der Tagbogen erscheint dem Beobachter somit verkürzt. Dennoch steht, sobald die Sonne sich im Bereich des astronomischen Horizonts befindet, diffuse Himmelsstrahlung zur Verfügung.

Als Sonnenstand wird die, für den Beobachter scheinbare, momentane Position der Sonne über dem astronomischen Horizont bezeichnet. Der Sonnenstand kann durch zwei Winkelangaben beschrieben werden, die als Azimutwinkel α_s und Höhenwinkel γ_s bezeichnet werden. Um diese Winkel bestimmen zu können sind gewisse Fixelemente auf der Himmelskugel definiert. So ist der Zenit eines Punktes an der Erdoberfläche die nach oben verlängerte Lotrichtung, also die Normale auf die Horizontebene. Der Großkreis an der Himmelskugel, der durch Zenit und die Himmelspole verläuft, wird als astronomischer Meridian oder Himmelsmeridian bezeichnet. Die Meridianebene, in welcher der Großkreis liegt, steht normal auf die Horizontalebene des Beobachters und erscheint damit im

Sonnenstandsdiagramm als gerade Linie durch den Diagrammmittelpunkt in Nord-Süd-Richtung.

Der Azimut ist jener Winkel der zwischen der Meridianebene und der Vertikalebene durch den Sonnenstand begrenzt ist. Der Höhenwinkel ist der Winkel des Sonnenstands über dem astronomischen Horizont. Gemessen wird vom Standpunkt des Beobachters aus, auf der Beobachterebene senkrecht unter dem Zenit. Die Hilfskreise zur Ablesung des Höhenwinkels γ_s eines Sonnenstands im Sonnenbahndiagramm sind äquidistant. Das Sonnenbahndiagramm stellt somit eine verzerrte Horizontalprojektion der Himmelskugel dar!

Links und rechts des astronomischen Meridians verlaufen Kurven, welche normal zu den Tagbögen stehen. Diese Kurven teilen die Tagbögen in zeitlich gleichlange Abschnitte mit der Länge einer Stunde. Als oberer Kulminationspunkt wird jener Sonnenstand bezeichnet, an dem die Sonne für den Beobachter den größten Höhenwinkel erreicht und so die Tagesmitte definiert.

Über eine einfache Formel lässt sich der maximale Höhenwinkel errechnen, den die Sonne für einen Beobachter an einem bestimmten Breitengrad zur Wintersonnenwende, also am kürzesten Tag des Jahres, beziehungsweise zur Sommersonnenwende, somit dem längsten Tag des Jahres erreicht.

$$90° - \text{Breitengrad} \pm 23° = \text{Kulmination}_{max/min}$$

Die exakte Beobachtung des Sonnenstandes im realen Raum zeigt Abweichungen von der vereinfachten Darstellung des Diagramms. Beispielsweise liegen die oberen Kulminationspunkte über den Jahresgang betrachtet nicht wie im Diagramm dargestellt auf der geraden Linie des astronomischen Meridians sondern weichen von diesem in einer flachen Achterschleife ab. Diese Schleife kommt durch die astronomischen Konstellationen der Bewegungen von Sonne und Erde zustande, welche Abweichungen von einfachen geometrischen Formen zeigen. Diese werden als Analemma bezeichnet (s. Abb. 2.3). Durch die einfache Berechnung, -90° - Breitengrad des Standortes, kann darüber hinaus der maximale Höhenwinkel zum Zeitpunkt der Tag- und Nachtgleiche ermittelt werden.

Schließlich ist darauf hinzuweisen, dass eine Vielzahl elektronischer Hilfsmittel verfügbar ist, welche die Ermittlung orts- und zeitbezogener Sonnenstände einfach und anschaulich ermöglichen.

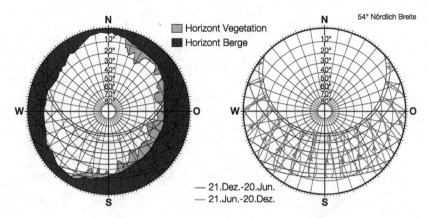

Abb. 2.3 Darstellung von Horizontüberhöhung und Analemmata in einem Sonnenstandsdiagramm

Bewertungsgrundlagen für Tageslichtqualität im Innenraum

3

Die Qualität einer Beleuchtungssituation ist von vielen, durchwegs unterschiedlichen, Parametern abhängig. Entsprechend ist die Bewertung einer derartigen Situation umfangreich und komplex. Die europäische Norm EN 17037 – *Tageslicht in Gebäuden* schlägt, mit der Tageslichtzufuhr, der Besonnung, der Aussicht, sowie der Blendung, vier übergeordnete Dimensionen zur Charakterisierung der Tageslichtqualität im Innenraum vor (DIN EN 17037 2019; OENORM EN 17037 2019; SN EN 17037 2019). Diese werden zur Strukturierung des folgenden Kapitels übernommen. Als Einführung in die objektivierte Betrachtung werden zunächst der wahrnehmungsbasierte Bezug zwischen Strahlungstechnik und Lichttechnik skizziert und nachfolgend ausgewählte lichttechnische Grundgrößen erläutert.

Die Helligkeitsempfindlichkeit des Auges ist wellenlängenabhängig. Das bedeutet, dass der Strahlungsleistungsanteil, der innerhalb des sichtbaren Spektralbereichs zwischen 380 nm und 780 nm Wellenlänge als Lichtstrom visuell wahrgenommen werden kann, von Wellenlänge zu Wellenlänge unterschiedlich ist. Für das photopische Sehen wird dieser Bezug über die Wirkungs-Kurven $V(\lambda)$ beziehungsweise für das skotopische Sehen über die Wirkungs-Kurven $V'(\lambda)$ beschrieben (DIN 5031 – 3 1982) (s. Abb. 3.1).

Die $V(\lambda)$-Kurve zeigt, dass die höchste Empfindlichkeit des menschlichen Auges im gelbgrünen Spektralbereich bei 555 nm vorliegt. Hier kann aus der Strahlungsleistung eine maximale Helligkeitsempfindung generiert werden. Über die $V(\lambda)$-Kurve können die strahlungstechnischen, oder radiometrischen, Größen mit den lichttechnischen, oder photometrischen, Grundgrößen in Bezug gesetzt werden (vgl. Völker 2016). So wird die Konstante K_m als Maximalwert des photometrischen Strahlungsäquivalents für das Sehen unter Tageslichtbedingungen eingeführt. Sie verknüpft die Strahlungsleistung von einem Watt mit der Helligkeitsempfindung eines Lichtstroms von 683 lm bei monochromatischem Licht mit einer Wellenlänge von 555 nm.

© Springer Fachmedien Wiesbaden GmbH, ein Teil von Springer Nature 2020
R. Hammer und M. Wambsganß, *Planen mit Tageslicht*, essentials,
https://doi.org/10.1007/978-3-658-30194-1_3

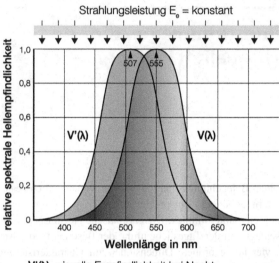

V'(λ) visuelle Empfindlichkeit bei Nacht
V(λ)   visuelle Empfindlichkeit bei Tag

Abb. 3.1 Helligkeitsempfindlichkeitskurven zur visuellen Wahrnehmung des Menschen

Der Lichtstrom Φ ist definiert als die gesamte, von einer Lichtquelle abgegebene, bewertete Lichtstrahlungsleistung. Der Lichtstrom umfasst dabei die Abstrahlung in alle Raumrichtungen. Die Angabe des Lichtroms erfolgt in der Einheit Lumen mit der Abkürzung lm.

Die Lichtstärke I bezeichnet den Lichtstrom Φ, der von einer Lichtquelle innerhalb des Raumwinkels Ω und damit in einer bestimmten Richtung abgegeben wird. Die Angabe der Lichtstärke I erfolgt in Candela mit der Abkürzung cd. Die Angabe des Raumwinkels Ω erfolgt in Steradiant, kurz sr.

Die Beleuchtungsstärke E bezeichnet den Lichtstrom Φ, der auf eine Fläche auftrifft. Die Beleuchtungsstärke kann folglich in lm/m^2 angegeben werden, üblich ist jedoch die Angabe in der zusammenfassenden Einheit Lux mit der Kurzbezeichnung lx. Eingeführt ist die Unterscheidung in die horizontale Beleuchtungsstärke E_h und die vertikale Beleuchtungsstärke E_v. Die zylindrische Beleuchtungsstärke E_z, als Mittelwert der vertikalen Beleuchtungsstärken auf einer Zylinderoberfläche, ist definiert, um die Verhältnisse im visuellen Wahrnehmungsraum eines Menschen in einer Annäherung beschreiben zu können (s. Abb. 3.2).

Die Leuchtdichte L bezeichnet schließlich die Lichtstärke I, die von einer Fläche ausgeht. Die Einheit der Leuchtdichte ist Candela pro Quadratmeter cd/m^2.

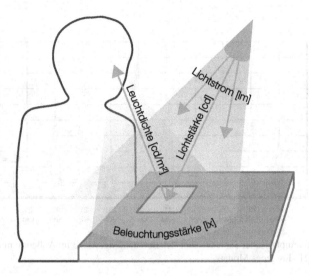

Abb. 3.2 Veranschaulichung der lichttechnischen Grundgrößen Lichtstrom, Lichtstärke, Beleuchtungsstärke und Leuchtdichte

In einer Vielzahl von Regelwerken kommt die Beleuchtungsstärke E als Bewertungskriterium zur Anwendung. Sie beschreibt jedoch lediglich die Lichtmenge, welche auf einer Fläche ankommt und dient damit primär einer quantitativen Bewertung. Die wahrnehmbare Helligkeit eines Raumes wird jedoch durch die Leuchtdichte bestimmt, da diese ausweist welche Lichtmenge von leuchtenden, beziehungsweise beleuchtenden, Flächen ausgehend das Auge tatsächlich erreicht. Die Leuchtdichte liefert damit, neben einer quantitativen Angabe, auch eine Grundlage für die qualitative Bewertung einer Lichtsituation.

3.1 Tageslichtversorgung

Evolutionär an den Außenraum und seine mit Tages- und Jahreszeiten dynamisch veränderlichen Lichtsituationen angepasst, verbringen Menschen aktuell oft über 90 % ihrer Lebenszeit in Innenräumen (vgl. Jantunen 1998). Dort steht zumeist nur ein Bruchteil des im Außenraum vorhandenen Tageslichts, das Beleuchtungsstärken über 100.000 lx hervorrufen kann, zur Verfügung. Da unser visuelles System hochleistungsfähig ist und auch bei geringstem Lichtangebot Wahrnehmungsbilder generieren kann, wird uns die vergleichsweise geringe Helligkeit im Inneren von

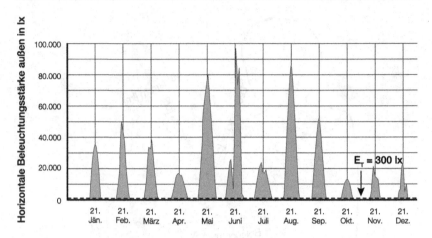

Abb. 3.3 Exemplarischer Jahresverlauf der Beleuchtungsstärke im Außenraum dargestellt am jeweils 21. Tag jedes Monats

Gebäuden aber oft nicht bewusst. So gibt die EN 17037 als Minimalwert E_T für die Tageslichtzufuhr 300 lx an. (s. Abb. 3.3).

3.1.1 Wesentliche Kriterien zur Bewertung der Tageslichtversorgung

Grundlegende Aussagen zur Tageslichtversorgung eines Innenraums werden zumeist durch eine situationsbezogene Bewertung der Beleuchtungsstärke getroffen. Angegeben werden können beispielsweise die flächige Verteilung der Beleuchtungsstärke auf festzulegenden Messebenen, oder die Beleuchtungsstärke an bestimmten Punkten, etwa im Zentrum eines Raumes, mittig auf der Tischfläche eines Arbeitsplatzes, an der Augposition eines potentiellen Nutzers, etc.

Licht ist nicht nur in einer dem visuellen System entsprechenden Menge, sondern auch in einer möglichst kontinuierlichen und ausgewogenen Spektralverteilung anzubieten. Zudem muss auch eine ausreichende Lichtdosis, also eine Mindestlichtmenge, innerhalb einer gewissen Zeitspanne, am menschlichen Auge einlangen, um das nicht-visuelle melanopische System zu aktivieren. Als Orientierungswert können dafür Beleuchtungsstärken von wenigstens 250 lx angenommen werden, die am Auge während der Vormittagsstunden vorliegen sollen. Wirksam ist dabei insbesondere das Licht im blaugrünen Spektralbereich (vgl. DIN SPEC 67600 2013).

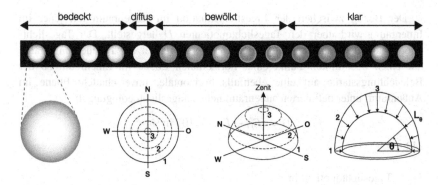

Abb. 3.4 Leuchtdichteverteilung am Beispiel des standardisierten, bedeckten Himmels

Da die durch Tageslicht hervorgerufene Beleuchtungssituation im Innenraum stets vom Tageslichtangebot im umgebenden Außenraum abhängt und mit diesem variiert, ist es sinnvoll die Angabe der Beleuchtungsstärke Innen in einen definierten und nachvollziehbaren Bezug zur Tagelichtsituation im Außenraum zu stellen.

Zu diesem Zweck wurden von der internationalen Beleuchtungskommission[1] insgesamt 15 Himmelszustände standardisiert. Diese sind durch festgelegte Kombinationen der Komponenten Himmelslicht und Sonnenlicht definiert. So wird als *sonniger Himmel* etwa jeder Himmelszustand bezeichnet, bei dem gerichtetes Licht von der Sonnenscheibe kommend die Erdoberfläche erreicht. Dieser Zustand kann etwa mit dem Himmelszustand des *klaren Himmels* oder des *teilbewölkten Himmels* kombiniert werden. Der klare Himmel weist eine Bewölkung von maximal 30 % der Himmelsfläche auf. Der teilbewölkte Himmel zeigt einen Bewölkungsgrad von über 30 % und maximal 70 % der Himmelsfläche. Bei einer Bewölkung von mehr als 70 % der Himmelsfläche liegt ein *bedeckter Himmel* vor. Die Leuchtdichte am *bedeckten Himmel* ist am Zenit dreimal stärker als am Horizont (Abb. 3.4). Entlang des Horizontes und unter identen Höhenwinkeln bleibt die Leuchtdichte jedoch stets gleich und ist damit himmelsrichtungsunabhängig. Eine Aufhellung des bedeckten Himmels durch die Kombination mit gerichtetem Licht von der Sonnenscheibe eines sonnigen Himmelszustands wird zumeist nicht angenommen (vgl. ISO 15469 2004).

---

[1]Die Internationale Beleuchtungskommission beziehungsweise frz. Commission Internationale de l'Éclairage (CIE).

Der Bezug zwischen der Tageslichtsituation im Außenraum mit jener im Innenraum wird über den Tageslichtquotienten D hergestellt. Der Tageslichtquotient wird beschrieben als das Verhältnis zwischen der Beleuchtungsstärke auf einen bestimmten Punkt einer horizontalen Ebene im Innenraum zu der Beleuchtungsstärke auf eine ebenfalls horizontale, unverschattete Ebene im Außenraum unter definierten außenräumlichen Tageslichtbedingungen.

$$D = (E_{hi} \div E_{ho}) \times 100 \text{ in } \%$$

Mit:

D Tageslichtquotient in %

E_{hi} Beleuchtungsstärke horizontal innen in lx, Leuchtdichte des Himmels, wie sie vom Fenster aus gesehen wird

E_{ho} Beleuchtungsstärke horizontal außen in lx

Herangezogen wird hierfür in aller Regel der *bedeckte Himmel* nach der Standardisierung der internationalen Beleuchtungskommission (vgl. CIE 2003). Da dieses Himmelsmodel rotationssymmetrisch ist, spielt die Himmelsrichtung nach der eine Tageslichtöffnung orientiert ist bei der Bewertung keine Rolle. Der Tageslichtquotient betrachtet damit einen für die Intensität der Innenraumbeleuchtung ungünstigen Himmelszustand. Das gilt es zu bedenken, wenn Anforderungen an die Beleuchtung mit Tageslicht, etwa in Regelwerken, durch die Angabe des Tageslichtquotienten definiert sind.

In der EN 17037 werden die außenräumlichen Tageslichtbedingungen zur Festlegung des Tageslichtquotienten allgemeiner definiert, als direktes und indirektes Himmelslicht bei bekannter oder angenommener Leuchtdichteverteilung. Das gerichtete, direkt von der Sonnenscheibe abgestrahlte Sonnenlicht darf in die Kalkulation des Tageslichtquotienten nicht einbezogen werden und ist etwa bei Messungen entsprechend auszublenden. Darüber hinaus stellt die EN 17037 über den Tageslichtquotienten einen Bezug zwischen den, an einem Standort vorliegenden, solaren Klimadaten und den Zielbeleuchtungsstärken im Innenraum her.

Zielwerte D_T für den Tageslichtquotienten D ergeben sich hier aus den, für die Beleuchtungsstärke auf eine horizontale Bezugsebene im Innenraum E_{hi} angestrebten, Wert E_T. Gefordert wird dabei, dass die im Innenraum tatsächlich vorliegende Beleuchtungsstärke an zumindest 50 % aller Tageslichtstunden über diesem Beleuchtungsstärkenzielwert E_T liegt. Entsprechend wurden für einen Großteil der europäischen Hauptstädte jene Beleuchtungsstärken im Außenraum ermittelt, die an zumindest 50 % aller Tageslichtstunden eines durchschnittlichen Jahres überschritten werden. Da hiermit konkrete Werte für die Beleuchtungsstärke auf einer horizontalen Bezugsebene im Außenraum E_{ho} vorliegen, ergeben sich Klimastandortspezifische Ausformulierungen der allgemeinen Formel zur Berechnung des Tageslichtquotienten D, beziehungsweise eines Soll-Tageslichtquotienten D_T.

Berlin:

$$D_T = (E_{hi} \div 13.900) \times 100 \text{ in } \%$$

Wien:

$$D_T = (E_{hi} \div 16.000) \times 100 \text{ in } \%$$

Die Norm spricht in diesem Kontext von einer ausreichenden Tageslichtzufuhr in einem Innenraum mit vertikalen Tageslichtöffnungen, wenn auf mindestens 50 % der zu bewertenden Bezugsebene im Raum, also median, der klimaabhängige Soll-Tageslichtquotient D_T erreicht wird. Darüber hinaus soll auf mindestens 95 % dieser Bezugsebene der Mindest-Tageslichtquotient D_{TM} vorliegen. In Innenräumen mit horizontalen Tageslichtöffnungen sind die klimaabhängigen Soll-Tageslichtquotienten D_T auf zumindest 95 % der Bezugsebene zu erreichen. Zur Bewertung werden die Empfehlungsstufen Gering, Mittel und Hoch eingeführt (s. Tab. 3.1).

In der im Folgenden dargestellten, durchaus gängigen, Raumkonfiguration kann bei einem Fensterflächenanteil von 12,5 % bezogen auf die Bodenfläche selbst der niedrigste Ziel-Tageslichtquotient D_T von 1,9 % nicht auf 50 % der zu bewertenden Bezugsebene erreicht werden (s. Abb. 3.5).

3.1.2 Tageslichtplanerische Ansätze zur Gestaltung der Tageslichtzufuhr

Grundsätzlich gilt, dass die Vergrößerung einer Tageslichtöffnung zu einer erhöhten Tagelichtzufuhr und damit zu einer besseren Tageslichtversorgung führt. Beispielsweise kann bei einer mittleren äußeren diffusen Beleuchtungsstärke von 16.000 lx und einer Fensterfläche von 12,5 % der Grundfläche des zu belichtenden Raumes nur im fensternahen Bereich und ohne jegliche äußere Verbauung ein Tageslichtquotienten von 2 % erreicht werden. Um in einer größeren Raumtiefe, etwa im Bereich einer zweiten Reihe an Büroarbeitsplätzen, ebenfalls einen Tageslichtquotienten von 2 % zu erreichen, ist von einer notwendigen Fensterfläche von mindestens 20 % der Raumgrundfläche auszugehen (s. Abb. 3.6).

Bei gleicher Größe nehmen Konfiguration und Positionierung der Tageslichtöffnungen wesentlichen Einfluss auf die Tageslichtzufuhr im Innenraum. Lage und Größe der Tageslichtöffnungen in Bezug zur Leuchtdichteverteilung des Himmels sowie zu den raumbildenden Flächen sind dabei maßgeblich.

Tab. 3.1 Empfehlungen für die Tageslichtzufuhr in Innenräume mit vertikalen Tageslicht-öffnungen

Stadt	Mittlere äußere diffuse Beleuchtungsstärke in lx	Ziel-Beleuchtungsstärke in lx	Mindestziel-Beleuchtungsstärke in lx	Ziel Tageslichtquotient in %	Mindestziel-Tageslichtquotient in %
Empfehlungsstufe: Gering					
Amsterdam	14.400	300	100	2,1	0,7
Berlin	13.900			2,2	0,7
Bern	16.000			1,9	0,6
Wien	16.000			1,9	0,6
Empfehlungsstufe: Mittel					
Amsterdam	14.400	500	300	3,5	2,1
Berlin	13.900			3,6	2,2
Bern	16.000			3,1	1,9
Wien	16.000			3,1	1,9
Empfehlungsstufe: Hoch					
Amsterdam	14.400	750	500	5,2	3,5
Berlin	13.900			5,4	3,6
Bern	16.000			4,7	3,1
Wien	16.000			4,7	3,1

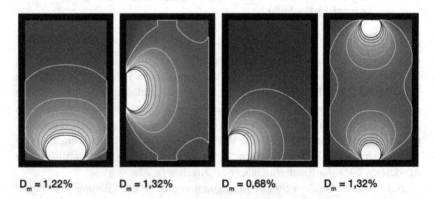

$D_m = 1,22\%$ $D_m = 1,32\%$ $D_m = 0,68\%$ $D_m = 1,32\%$

Abb. 3.5 Tageslichtquotientenverteilung in identen Raumvolumen mit unterschiedlicher Befensterung unter Angabe des medianen Tageslichtquotient D_m in %

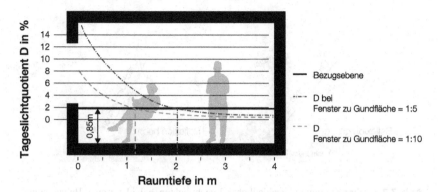

Abb. 3.6 Exemplarischer Verlauf des Tageslichtquotienten über die Raumtiefe

Tendenziell führt eine Anordnung der Tageslichtöffnungen mittig, oberhalb der zu bewertenden Bezugsfläche sowie geneigt zum Zenit zu einer vergleichsweise hohen Tageslichtzufuhr. Jedoch ist bei der Planung stets die konkrete Situation mit den vorliegenden Randbedingungen wie Raumzuschnitt, Nutzungsanforderungen, Grad der äußeren Verbauung, etc. zu betrachten und entsprechend zu evaluieren.

Da Tageslichtöffnungen in den allermeisten Fällen mit transparenten oder transluzenten Materialien verschlossen sind, entscheidet neben der Lage und Größe der Öffnungen insbesondere auch die Lichtdurchlässigkeit dieser Materialien darüber, welche Lichtmengen tatsächlich in den Innenraum gelangen können. Ausgedrückt wird diese Durchlässigkeit für Licht durch den Lichttransmissionsgrad τ_v. Dieser ist das Maß für den durchgelassenen sichtbaren Strahlungsanteil der Solarstrahlung im Wellenlängenbereich von 380 nm bis 780 nm, senkrecht durch das durchlässige Material und bezogen auf die Hellempfindlichkeit des menschlichen Auges. Angegeben wird welcher Prozentanteil, der so definierten Lichtstrahlung, durch das Material durchtreten kann und damit im Innenraum zur Verfügung steht (vgl. DIN EN 410 1991).

Im Zuge der Tageslichtplanung ist es aber nicht nur wesentlich dafür zu sorgen, dass genug Tageslicht in einem Gebäude vorliegt, um entsprechende Beleuchtungsstärken zu erreichen, sondern darüber hinaus ist sicher zu stellen, dass auch angemessene Lichtmengen am Nutzerauge ankommen. Voraussetzung dafür ist eine gezielte Gestaltung des Verhältnisses von Beleuchtungsstärke zu Leuchtdichte.

Im dargestellten Beispiel fällt Licht auf eine Tischplatte auf der ein Blatt Papier liegt (s. Abb. 3.7). Der auftreffende Lichtstrom erzeugt eine gleichmäßig verteilte Beleuchtungsstärke von 500 lx.

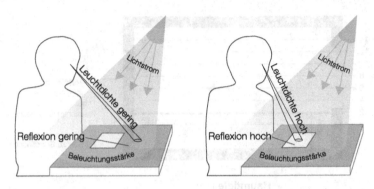

Abb. 3.7 Wahrnehmung unterschiedlicher Leuchtdichten bei identischer Beleuchtungsstärke

Richtet ein Beobachter den Blick auf die dunkle Tischplatte, ist die Leuchtdichte vergleichsweise deutlich geringer als beim Blick auf das helle Blatt Papier. Bei gleichbleibender Beleuchtungsstärke variiert damit der Helligkeitseindruck entsprechend den beiden unterschiedlichen Leuchtdichtewerten.

Dieser Unterschied ist durch das spezifische Reflexionsverhalten der beleuchteten Oberflächen begründet. Um das Reflexionsverhalten quantitativ zu beschreiben ist der Reflexionsgrad ρ definiert. Der Reflexionsgrad ρ gibt an, wie viel Prozent des auf eine Fläche auftreffenden Lichtstroms Φ von dieser Fläche zurück geworfen werden. Flächen mit einem hohen Reflexionsgrad erscheinen uns hell. Sie absorbieren nur einen geringen Teil des auftreffenden Lichts und reflektieren den hohen verbleibenden Anteil. Flächen mit einem niedrigen Reflexionsgrad absorbieren einen größeren Teil des Lichts und wirken daher vergleichsweise dunkler.

In diesem Zusammenhang legt die EN 12464-1 „Beleuchtung von Arbeitsstätten in Innenräumen" eine Bandbreite für den Reflexionsgrad des Bodens zwischen 10 % und 50 %, der Wände zwischen 30 % und 80 %, der Decke zwischen 60 % und 90 %, sowie von Arbeitsflächen zwischen 20 % und 60 % fest (EN 12464-1 2011: Tab. 5.52.8).

Analog nimmt der beschriebene Zusammenhang von Beleuchtungsstärke und Leuchtdichte auch wesentlichen Einfluss auf das Lichtangebot, dass im Außenraum eines gebauten Gefüges vorliegt. So wird ein Innenraum, dessen Tageslichtöffnungen einer dunklen Fassade mit niedrigem Reflexionsgrad gegenüber liegen bei gleicher Tageslichtbeleuchtung des Außenraums eine geringere Tageslichtversorgung aufweisen als der gleiche Innenraum, dem eine helle, stark reflektierende Fassade gegenüberliegt (s. Abb. 3.8).

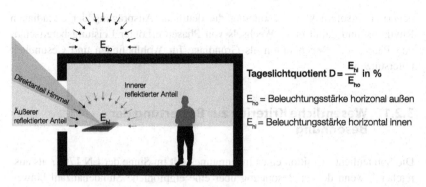

Abb. 3.8 Oberflächenreflexion als Einflussfaktor auf die Beleuchtungsstärke im Innenraum E_{hi}

Die Qualität der raumbildenden Oberflächen bestimmt aber nicht nur darüber wie groß der Anteil des Lichts ist, der nach einer Reflexion in den Raum zurück geworfen wird. Durch die Eigenfarbe der Reflexionsoberfläche wird zudem bestimmt, welche Spektralanteile des auftreffenden Lichts reflektiert werden, durch die Oberflächentextur, ob das einfallende Licht vorwiegend gerichtet oder gestreut zurückgeworfen wird.

3.2 Besonnung

Tageslicht besteht in wechselnden Anteilen aus diffusem direkt und indirekt rezipierbarem Himmelslicht sowie aus dem gerichteten Sonnenlicht, welches direkt von der Sonnenscheibe kommend wahrgenommen wird. Fällt dieses gerichtete Sonnenlicht durch einen Lichtöffnung in einen Innenraum, wird dieser als besonnt bezeichnet. In einem besonnten Raum zeichnen sich entsprechend der räumlichen Konfiguration scharf umrissene Lichtflecken hoher Beleuchtungsstärke beziehungsweise klare Schattenwürfe ab. Die gerichtete Strahlung ermöglicht so eine dreidimensionale Modellierung des Raumes durch unsere visuelle Wahrnehmung. Entsprechend der Relativbewegung der Sonne zum Gebäude gleiten die Lichtflecken und Schattenwürfe auf den raumbildenden Flächen entlang. Das unterstützt sowohl die räumliche Verortung als auch die zeitliche Orientierung im Tages- und Jahresverlauf.

Werden Räume besonnt, erhöht sich dort aufgrund der starken Lichtintensität des Sonnenlichts die Wahrscheinlichkeit, dass unser nicht visuelles Wahrnehmungssystem klare zeitgebende Reize empfängt und entsprechende Signale generiert. Insofern kann Besonnung die deutliche Ausprägung der circadianen Rhythmik und damit eines Wechsels von Phasen erhöhter Leistungsbereitschaft und Phasen der Regeneration als Grundlage für Wohlbefinden und Gesundheit unterstützen.

3.2.1 Wesentliche Kriterien zur Bewertung der Besonnung

Die Sonnenlichtexposition eines Innenraumes gilt im Sinne der EN 17037 als ausreichend, wenn dessen Besonnung über eine empfohlene Stundenanzahl hinweg möglich ist. Die Sonnenscheibe kann in dieser Zeitspanne vom Innenraum aus gesehen werden. Besonderes Augenmerk ist diesbezüglich auf Bettenzimmer in Krankenhäusern, auf Gruppenräume in Kindergärten und auf Aufenthaltsbereiche zur Regeneration im Lern- und Arbeitsumfeld zu legen (vgl. Park 2018; Barrett 2015). Innerhalb eines Wohnungsverbandes soll mindestens ein Aufenthaltsraum die Empfehlungen hinsichtlich der Mindestdauer der Besonnung erfüllen.

Konkret wird als Bewertungskriterium die potenziell erreichbare Dauer der direkten Sonneneinstrahlung auf einen Referenzpunkt P in einem Raum an einem Bezugstag bei wolkenlosem Himmel festgelegt. Bei vertikalen Lichtöffnungen ist der Referenzpunkt 1,20 m über der Fußbodenoberkante beziehungsweise zumindest 30 cm oberhalb der unteren Begrenzung einer Lichtöffnung anzusetzen. Bei Oberlichten ist der Referenzpunkt horizontal in der Mitte der Lichtöffnung anzunehmen. Er liegt in beiden Fällen in der Ebene der Innenoberfläche der Wand in welcher sich die Lichtöffnung befindet (s. Abb. 3.9).

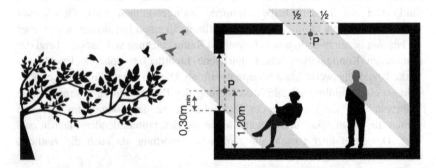

Abb. 3.9 Schematischer Schnitt durch einen besonnten Raum zur Positionierung des Referenzpunktes P

Der Bezugstag ist im Zeitraum zwischen dem 1. Februar und dem 21. März anzunehmen. Die Dauer der Besonnung durch unterschiedliche Lichtöffnungen eines Raumes darf kumulativ erfasst werden.

Die Ermittlung der Besonnungsdauer kann durch Tageslichtsimulation oder ein geometrisches Konstruktionsverfahren erfolgen. Als Ergebnis der Simulation werden beispielsweise Bereiche innerhalb eines Sonnenstandsdiagramms ausgewiesen, die zeigen innerhalb welcher Zeiträume ein Referenzpunkt von Sonnenlicht getroffen wird.

Für das geometrische Konstruktionsverfahren sind Mindestwerte für jenen Höhenwinkel des Sonnenstandes angegeben, ab dessen Erreichung Besonnungsdauern angerechnet werden dürfen (s. Tab. 3.2).

Für die Bewertung des Kriteriums wird in der EN 17037 die potentielle Besonnungsdauer in Stunden in den Empfehlungsstufen Gering, Mittel und Hoch angegeben (s. Tab. 3.3).

3.2.2 Tageslichtplanerische Ansätze zur Gestaltung der Besonnung

Da die Sonnenscheibe entlang von Tagbögen über das Himmelsgewölbe hinweg zu gleiten scheint, entsteht in Abhängigkeit vom Breitengrad, auf dem sich ein Beobachter bei seinen Betrachtungen befindet, ein charakteristischer Direktlichtraum aus annähernd parallelen Sonnenlichtstrahlen. Dieser Lichtraum kann in Sonnenstandsdiagrammen dargestellt werden, die so als Grundlage für die Tageslichtplanung dienen (s. Abb. 3.10).

Tab. 3.2 Mindestwerte des Höhenwinkels zur Ermittlung der Besonnungsdauer nach geometrischem Verfahren

Stadt	Mindestwert Höhenwinkel in Grad
Amsterdam	11
Berlin	11
Bern	15
Wien	14

Tab. 3.3 Empfehlungen für die Besonnungsdauer von Innenräumen

Besonnungsdauer in Stunden	
Empfehlungsstufe: gering	$1{,}5 \leq \text{Dauer} < 3$
Empfehlungsstufe: mittel	$3 \leq \text{Dauer} < 4$
Empfehlungsstufe: hoch	$4 \leq \text{Dauer}$

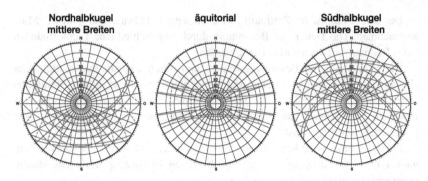

Abb. 3.10 Charakteristische Sonnenstandsdiagramme in Abhängigkeit vom Breitengrad des Standorts des Betrachters

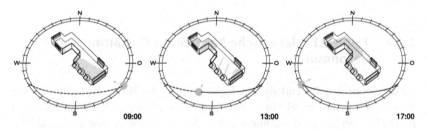

Abb. 3.11 Potentielle Durchlichtung eines exemplarischen Raumes am 21. Dezember morgens, mittags und abends

Durch die Kenntnis des natürlichen Lichtraums, ist es möglich das gerichtete Sonnenlicht, beziehungsweise die entsprechenden Schattenwürfe, gezielt und im Sinne der Nutzung zu gestalten. Entscheidend wichtig ist es, die Form des Baukörpers, die Position, Größe und Ausrichtung von Lichtöffnungen und ihren Laibungen sowie die Anordnung innenräumlicher Elemente wie Wände, Decken, Treppen, etc. entsprechend im Entwurf zu modellieren. Die baulichen Strukturen sind dazu in einen räumlichen als auch zeitlichen Bezug zum Sonnenlicht zu setzen (s. Abb. 3.11). Dieser Bezug kann etwa durch die Darstellung der durch das Einfallen des Sonnenlichts entstehenden Prismen, die einen Raum während eines Tagesgangs durchdringen, veranschaulicht werden (vgl. VELUX 2010).

3.3 Aussicht

Wände der Gebäudehülle stellen manifeste, zumeist opake, Grenzen zwischen Innen- und Außenraum dar. Tageslichtöffnungen sind daher nötig um Innenräume natürlich belichten zu können, gleichzeitig stellen sie aber auch einen Sichtbezug nach außen her. Sichtöffnungen, die es ermöglichen sich räumlich und zeitlich zu verorten, zu orientieren sowie Sozialkontakte aufzunehmen, sind grundlegend wichtig, um sich im Gebäudeinneren informiert und sicher zu fühlen. Darüber hinaus ist die Wahrnehmung von tages- und jahreszeitlichen Abläufen für unser physisches Wohlbefinden ursächlich. Studienergebnisse legen in diesem Zusammenhang nahe, dass von einer anregenden Aussicht positive Wirkungen ausgehen, etwa in Hinsicht auf unsere kognitive Leistungsfähigkeit oder die Beschleunigung von Genesungsprozessen (vgl. Barrett 2015; Park 2018). Die Aussicht trägt somit wesentlich zur Aufenthaltsqualität in Innenräumen bei.

Wandöffnungen zum Außenraum sind somit immer unter Berücksichtigung unterschiedlicher Aspekte und im Spannungsfeld von Lichteintrag und Sichtverbindung zu gestalten.

3.3.1 Wesentliche Kriterien zur Bewertung der Aussicht

Als grundsätzliches Qualitätskriterium für die Aussicht legt die EN 17037 fest, dass der umgebende Außenraum durch eine Sichtöffnung klar, unverzerrt und neutral gefärbt wahrgenommen werden können muss. Darüber hinaus sind drei weitere Kriterien zu bewerten, nämlich die Größe des horizontalen Blickwinkels durch die Sichtöffnung, die mögliche Sichtweite nach draußen, sowie die Anzahl der Ebenen, welche durch die Sichtöffnung von einem bestimmten Punkt aus gesehen werden kann. Um in der Bewertung der Aussicht Berücksichtigung zu finden, muss die Sichtöffnung eine Mindesthöhe von 1,25 m und ab dem Vorliegen einer Raumtiefe von 4 m eine Mindestbreite von 1,00 m aufweisen. Die Gesamtqualität der Aussicht ist für die Sichtöffnungen an zumindest einer Seite eines Raumes zu ermitteln und darf dabei insgesamt nicht besser als das schlechteste der drei Kriterien bewertet werden. Die Ermittlung der Qualität kann durch geometrische Konstruktionsverfahren oder fotografische Verfahren erfolgen.

Zur Beurteilung der Qualität der Aussicht sollen Blickpunkte so gewählt werden, dass sie den tatsächlich eingenommenen Positionen der Personen in genutzten Bereich eines Raumes möglichst entsprechen. Die Raumtiefe innerhalb welcher Blickpunkte für die Bewertung festgelegt werden können, lässt sich aus der Raum- und den Sichtöffnungsbreiten durch Anwendung von Formeln beziehungsweise durch das Auslesen aus Diagrammen ableiten (Abb. 3.12).

Für die Bewertung des Kriteriums des horizontalen Blickwinkels durch die Sichtöffnung werden in der EN 17037 Vorgaben in den Empfehlungsstufen Gering, Mittel und Hoch in Grad angegeben (s. Tab. 3.4).

Die freie Sichtweite wird von der Innenoberfläche der Wand in welcher sich die Sichtöffnung befindet bis zur ersten der Öffnung gegenüberliegenden Sichtbarriere gemessen. In den Empfehlungsstufen Gering, Mittel und Hoch werden für dieses Kriterium Distanzwerte in Metern angegeben (Tab. 3.5).

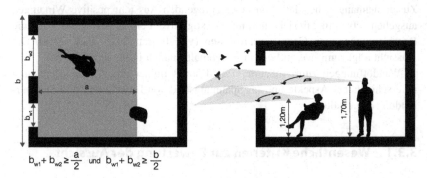

$$b_{w1} + b_{w2} \geq \frac{a}{2} \quad \text{und} \quad b_{w1} + b_{w2} \geq \frac{b}{2}$$

Abb. 3.12 Schematischer Grundriss zur Festlegung des genutzten Bereichs und Schnitt betreffend die Durchsichtshöhen zur Bewertung des horizontalen Blickwinkels der Aussicht

Tab. 3.4 Empfehlungen zur Größe des Horizontalen Blickwinkels einer Aussicht

Größe des horizontalen Blickwinkels in Grad	
Empfehlungsstufe: gering	$14° \leq$ Blickwinkel $< 28°$
Empfehlungsstufe: mittel	$28° \leq$ Blickwinkel $< 54°$
Empfehlungsstufe: hoch	$54° \leq$ Blickwinkel

Tab. 3.5 Empfehlungen zur Länge der freien Sichtweite einer Aussicht

Freie Sichtweite in Metern	
Empfehlungsstufe: gering	$6\,m \leq$ freie Sichtweite $< 20\,m$
Empfehlungsstufe: mittel	$20\,m \leq$ freie Sichtweite $< 50\,m$
Empfehlungsstufe: hoch	$50\,m \leq$ freie Sichtweite

Zur Bewertung des Informationsgehalts einer Aussicht werden drei Ebenen definiert, die für den Detailierungsgrad des Kenntnisstandes betreffend den Außenraum bestimmenden sind: der Boden, die Landschaft und der Himmel (s. Abb. 3.13).

Als Qualitätskriterium wird die Anzahl der Ebenen herangezogen, welche von zumindest 75 % der Fläche des genutzten Raumbereichs aus gesehen werden können (s. Tab. 3.6).

Jene Grenzlinie in der Raumtiefe entlang derer die Ebene *Himmel* nicht mehr gesehen werden kann, wird als „no sky line" bezeichnet, jene ab der der Boden der Sicht entzogen ist „no ground line".

3.3.2 Tageslichtplanerische Ansätze zur Gestaltung der Aussicht

Grundlage für die Gestaltung der Aussicht ist die Etablierung einer Sichtverbindung, also einer geradlinigen Zuordnung zwischen dem Auge des Beobachters

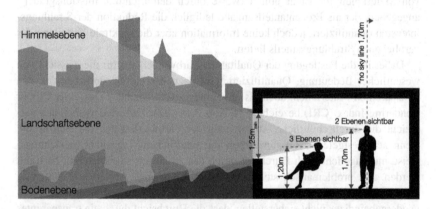

Abb. 3.13 Schematischer Schnitt zur Bewertung des Informationsgehalts der Aussicht

Tab. 3.6 Empfehlungen zum Informationsgehalt der Aussicht

Anzahl der Ebenen	
Empfehlungsstufe: gering	Landschaft
Empfehlungsstufe: mittel	Landschaft und eine weitere Ebene
Empfehlungsstufe: hoch	Alle drei Ebenen

und jenem Ausschnitt der Umgebung, der wahrgenommen werden soll. Die Sichtöffnungen bestimmen und begrenzen, im Zusammenspiel mit den Möglichkeiten des Beobachters, sich im Innenraum zu bewegen und zu positionieren, die Richtung der Sichtverbindung und damit den wahrnehmbaren Bildausschnitt.

Um Aussicht gezielt zu planen, gilt es zunächst die diesbezügliche Qualität des Umraums zu analysieren und ansprechende sowie weniger geeignete Szenerien zu lokalisieren. Aufbauend auf dieser ortsspezifischen Analyse können durch die Konfiguration des Gebäudevolumens und die innenräumliche Nutzungsorganisation potentielle Sichtbezüge angelegt werden. Durch die Positionierung, durch Proportion, Zuschnitt und Ausrichtung von Sichtöffnungen innerhalb der Sichtbezüge kann das Bild der Umgebung entsprechend gefasst werden.

Wesentliche Bedeutung kommt schließlich der Qualität der transparenten Materialien zu, welche die Sichtöffnungen abschließen. Eine möglichst umfängliche und ausgewogene Lichttransmission durch diese Materialien bildet sowohl die Grundlage für ein farbneutrales, natürliches Erscheinungsbild der Aussicht, als auch für eine ausgewogene spektrale Zusammensetzung und ausreichende Intensität des Tageslichts im Innenraum. In der Planung wird die Durchlässigkeit von Materialien für Licht üblicherweise durch den Lichttransmissionsgrad τ_v angegeben, der als Prozentanteilsangabe lediglich die Reduktion der Strahlungsintensität quantifiziert, jedoch keine Information über die spektrale Verteilung des verbliebenen Strahlungsanteils liefert.

Daher ist die Festlegung der Qualität der Farbwiedergabe für die Aussicht von wesentlicher Bedeutung. Quantifiziert wird dazu der Farbwiedergabeindex von transparenten Materialien, auch als allgemeiner Referenzindex (Ra) oder Colour Rendering Index (CRI) bezeichnet (s. Abb. 3.14). Der Farbwiedergabeindex vergleicht die durchschnittliche Abweichung der Farbwiedergabe, die sich ergibt, wenn acht festgelegte Referenzfarben mit natürlichem Tageslicht, beziehungsweise mit Tageslicht nach Durchtritt durch das zu bewertende Material, bestrahlt werden. Als problematisch stellt sich dabei die geringe Anzahl und Sättigung der einzelnen Farben im Referenzfarbenset heraus. So können auch hohe Farbwiedergabeindizes nicht sicherstellen, dass die Durchsicht durch ein transparentes Material als natürlich und Farbneutral empfunden wird, oder Farben im Innenraum entsprechend gesättigt wahrgenommen werden können. Für eine verbesserte Bewertung sollte auf ein erweitertes Set von zumindest 14 Referenzfarben bezuggenommen werden (vgl. DIN 6169-1 1976).

Schließlich macht das Diagramm in Abb. 3.15 deutlich, dass nicht nur die transmissionsbedingte Intensitätsreduktion des Lichts, sondern der gesamten terrestrischen solaren Strahlung zu beachten ist. Gezeigt wird die spektralverteilte Reduktion der solaren Bestrahlungsstärke im ultravioletten, sichtbaren und infra-

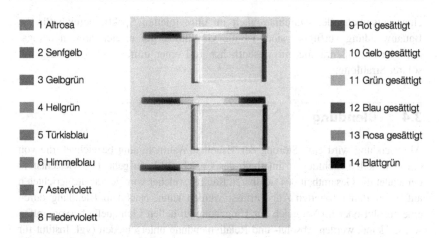

1 Altrosa
2 Senfgelb
3 Gelbgrün
4 Hellgrün
5 Türkisblau
6 Himmelblau
7 Asterviolett
8 Fliederviolett

9 Rot gesättigt
10 Gelb gesättigt
11 Grün gesättigt
12 Blau gesättigt
13 Rosa gesättigt
14 Blattgrün

Abb. 3.14 Referenzfarbpalette zur Bewertung exemplarischer Funktionsglasscheiben

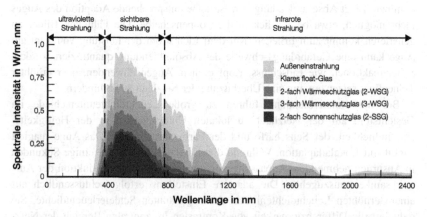

Abb. 3.15 Vergleich der spektralverteilten Bestrahlungsstärke vor und nach Durchgang durch unterschiedliche Funktionsglasscheiben

roten Wellenlängenbereich nach dem Durchtritt durch exemplarische handelsübliche Funktionsglasscheiben.

Es ist darauf hinzuweisen, dass die derartige Ausdünnung des Solarstrahlungsangebots im Innenraum dazu führt, dass unterschiedliche photobiologische Prozesse, wie etwa die Bildung von Pre-Vitamin D_3 in der Haut nicht, oder in nicht ausreichendem Umfang, ablaufen können. Da kaum Materialien mit einer entsprechenden Durchlässigkeit im ultravioletten Spektralbereich für die Bauanwendung verfügbar sind, ist die Gestaltung gut erreichbarer, nutzungsoptimierter Außenräume ein wesentlicher Teil einer umfassenden Planung mit solarer Strahlung.

3.4 Blendung

Als Blendung wird eine Störung der visuellen Wahrnehmung bezeichnet, die von einer zu hellen Lichtquelle innerhalb des Gesichtsfelds ausgeht. Das Gesichtsfeld beinhaltet die Gesamtheit des sichtbaren Raums, welcher vom gerade ausgerichteten auf einen Punkt fixierten Auge erfasst werden kann. Nachdem Blendung durch eine absolut oder im Vergleich zur Umgebung zu hellen Lichtquelle hervorgerufen werden kann, werden Absolut- und Relativblendung unterschieden (vgl. Institut für Arbeitsschutz der Deutschen Gesetzlichen Unfallversicherung 2010).

Zu Absolutblendung kann es ab Leuchtdichten einer Blendquelle über 10^4 cd/m^2 kommen. Liegt Absolutblendung vor, ist keine entsprechende Adaption des Auges mehr möglich, etwa beim Blick in die Sonnenscheibe. Die Fähigkeit Bilder zu generieren kommt zum Erliegen. Mit dem Lichtstrom der Leistung von 1 lm am Auge kann eine Gefährdungsschwelle der Absolutblendung quantifiziert werden. Schutzreaktionen wie Lidschluss, Kopf drehen, Augen abwenden, oder erhöhter Tränenfluss setzen ein, um eine Überhitzung der Netzhaut zu verhindern.

Bei der Relativblendung führen zu große Leuchtdichteunterschiede im Gesichtsfeld auf der Netzhaut zu lokalen Unterschieden in der Helligkeitsempfindlichkeit, der Sehschärfe und der Farbwahrnehmung. Das Auge reagiert darauf mit Lokaladaptation. Während dieses relativ langsamen, einige Sekunden in Anspruch nehmenden, Anpassungsvorgangs, ist von einer Reduktion der Aufmerksamkeit auszugehen. Die adaptive Einstellung erfolgt schlussendlich auf einem erhöhten Leuchtdichteniveau, der sogenannten Schleierleuchtdichte. Sie reduziert die Differenzierbarkeit von Kontrasten im zentralen Bereich der Netzhaut und beeinträchtig damit die Qualität der visuellen Wahrnehmung (vgl. ebd.).

Da die Empfindlichkeit für Blendung personenbezogenen Unterschieden unterliegt, wird nicht nur zwischen Absolut- und Relativblendung sondern auch zwischen physiologischer und psychologischer Blendung differenziert. Ist die Ursache einer Blendung technisch messbar und in Relation zur, die visuelle Wahrnehmung beeinträchtigenden, Wirkung zu setzen, spricht man von physiologischer Blendung. Wird eine unausgewogene Lichtsituation als unangenehm oder ablenkend empfunden, die Wahrnehmung von visuellen Reizen aber nicht messbar beeinträchtigt, liegt psychologische Blendung vor (vgl. ebd.).

Schließlich unterscheidet man zwischen Direktblendung, die unmittelbar von einer Lichtquelle ausgeht und Reflexblendung, die durch Spiegelung einer Lichtquelle an einer selbst nicht, oder vergleichsweise schwach, leuchtenden Oberfläche hervorgerufen wird. Sowohl durch Direktblendung als auch durch Reflexblendung können alle zuvor genannten Blendwirkungen ausgehen.

Zur Sicherung des visuellen Komforts, zum Erhalt der Leistungsfähigkeit und zur Vermeidung von Ermüdung und Fehlleistungen ist das Auftreten von Blendung zu begrenzen.

3.4.1 Wesentliche Kriterien zur Bewertung von Blendung

Zu bewerten ist der Schutz vor Blendung, wenn die freie Wahl der Blickrichtung in einem Innenraum eingeschränkt ist. Zu evaluieren sind daher zumeist Arbeits- stätten, Lehreinrichtungen oder Ähnliches. Als Kriterium zur Bewertung der Blendung im Gebäude zieht die EN 17037 den Anteil an Tageslicht exponierten Personen heran, der sich wahrscheinlich in einer gegebenen Raumkonfiguration durch Blendung gestört fühlt. Zur Beurteilung kann entweder ein Verfahren angewendet werden, welches die Wahrscheinlichkeit des Auftretens von Tages- lichtblendung, bezeichnet als Daylight Glare Probability (DGP), rechnerisch ermittelt. Oder es wird die Qualität des Blendschutzes unter Bezugnahme auf die EN 12216 und die EN 14500 im Kontext der vorliegenden räumlichen Situation bewertet (EN 12216 2018; EN 14500 2008). Zur Verifizierung der Blendungs- situation kann eine Messung vor Ort mittels High-Dynamic-Range-Kamera mit Fisheye-Objektiv durchgeführt werden.

Die Formel zur Ermittlung der Daylight Glare Probability beruht auf Erfahrungswerten.

$$\text{DGP} = 5{,}87 \times 10^{-5} \times E_v + 9{,}18 \times 10^{-2} \times \log\left(1 + \sum_i \frac{L_{s,i}^2 \times \omega_{s,i}}{E_v^{1{,}87} \times P_i^2}\right) + 0{,}16$$

Mit:

E_v Beleuchtungsstärke auf Augenhöhe in lx, gemessen auf einer Ebene senk- recht zur Sichtlinie

L_s Leuchtdichte der Blendungsquelle in cd/m², Leuchtdichte des Himmels, wie sie vom Fenster aus gesehen wird

P Positionsindex als Position des sichtbaren Himmels innerhalb des Gesichts-
        felds je weiter vom Sehzentrum entfernt die Blendquelle liegt, umso höher
        der Positionsindex

ω_s Raumwinkel unter dem die Blendungsquelle vom Beobachter wahr-
        genommen mit $\omega_s = A/r^2$

i Anzahl der Blendquellen

Wenn die Sonnenscheibe nicht in das Blickfeld eines möglicherweise blendungs-
gefährdeten Nutzers tritt, die gerichteten Strahlungsanteile gering sind und die
Leuchtdichte im Gesichtsfeld unter 50.000 cd/m² bleibt, kann eine vereinfachte
Formel angewandt werden.

$$DGP_S = 6{,}22 \times 10^{-5} \times E_v + 0{,}184$$

Um den Aufwand der Berechnung in einem pragmatischen Rahmen zu halten, ist
es sinnvoll die Situationen in denen Tageslichtblendung auftreten kann, räumlich
und zeitlich möglichst präzise einzugrenzen. Diese Eingrenzung kann etwa im
Rahmen einer Simulation oder durch eine systematische Untersuchung an einem
physischen Modell erfolgen, welche potentiell gefährdete Aufenthaltsbereiche mit
konkreten Sonnenständen verknüpft.

    Die Daylight Glare Probability als Bewertungskriterium zum Schutz vor
Blendung durch Tageslicht wird in der EN 17037 in den Empfehlungsstufen
Gering, Mittel und Hoch in Anteilen der exponierten Personen angegeben, die
Blendung empfinden. Die Zeitdauer, in der die angegebenen DGP-Zielwerte ver-
fehlt werden, sollen dabei unter 5 % der Jahresnutzungsdauer liegen (s. Tab. 3.7).

    Zur Beurteilung der Qualität des Blendschutzes werden Tabellen für die drei
Empfehlungsstufen angeboten (s. Tab. 3.8, Die Werte für die mit „-" befüllten Zellen
sind der Norm zu entnehmen).

    Grundsätzlich werden in diesen Tabellen zwei Sonnenlichtzonen differenziert.
In der Sonnenlichtzone L, mit L für low, liegt die Anzahl der Sonnenlichtstunden

Tab. 3.7 Empfehlungen zur Wahrscheinlichkeit der Wahrnehmung von Blendung

$DGP_{e<5\%}$	
Empfehlungsstufe: gering	$0{,}4 < DGP \le 0{,}45$ Blendung wird wahrgenommen und als störend empfunden
Empfehlungsstufe: mittel	$0{,}35 < DGP \le 0{,}40$ Blendung wird wahrgenommen aber meistens nicht als Störung empfunden
Empfehlungsstufe: hoch	$DGP \le 0{,}35$ Blendung wird meistens nicht wahrgenommen

Tab. 3.8 Schema zur Ermittlung empfohlener Blendschutzklassen von Vorhängen oder anderen Materialien zur Erfüllung eines Blendschutzkriteriums nach $DGP_{e<5\%}$ für $DGP \leq 0,35$

d_w		Sonnenlichtzone L								Sonnenlichtzone H							
		Ausrichtung S-O; S; S-W				Ausrichtung W; N-W; N-O; O				Ausrichtung S-O; S; S-W				Ausrichtung W; N-W; N-O; O			
		$\tau_{glazing}$				$\tau_{glazing}$				$\tau_{glazing}$				$\tau_{glazing}$			
		≤0,60		>0,60		≤0,60		>0,60		≤0,50		>0,50		≤0,50		>0,50	
		VD_p	VD_f	VD_p	VD_f	VD_p	VD_f	VD_p	VD_f	VD_p	VD_f	VD_p	VD_f	VD_p	VD_f	VD_p	VD_f
Kleine Öffnung	1 m	4	4	4	4	3	4	4	4	4	4	4	4	4	4	4	4
	2 m	1	4	–	–	–	–	–	–	–	–	–	–	–	–	–	–
	3 m	1	1	–	–	–	–	–	–	–	–	–	–	–	–	–	–
Große Öffnung	1 m	4	4	4	–	–	–	–	–	4	–	–	–	4	–	–	–
	2 m	3	4	–	–	–	–	–	–	–	–	–	–	–	–	–	–
	3 m	1	4	–	–	–	–	–	–	–	–	–	–	–	–	–	–

im Jahr unter 2100. Hingegen fallen in der Sonnenlichtzone H, mit H für high, mindestens 2100 Sonnenlichtstunden im Jahr an (s. Tab. 3.9).

Desweiteren wird in den Tabellen mit $\tau_{glazing}$ der normal-hemisphärische Lichttransmissionsgrad des transparenten Materials, das die Lichteintrittsöffnung abschließt angegeben. $\tau_{glazing}$ steht damit synonym für τ_v. Weiters werden zwei Bewertungssituationen unterschieden, welche die auf Grund der räumlichen Konfiguration eines Arbeitsplatzes vorliegenden Hauptblickrichtungen berücksichtigen. Konfigurationen die Blickrichtungen parallell zur Fassade und bis zu einem maximalen Betrachtugnswinkel von 45° zur Fassade generieren werden mit der Abkürzung VD_p bezeichnet. Konfigurationen mit Blickrichtungen, die über diesen Winkel von 45° hinaus in Richtung Fassade gehen werden unter der Bezeichnung VD_f zusammengefasst (s. Abb. 3.16).

Darüber hinaus werden Tageslichteintrittsöffnungen als groß definiert, bei denen die Summe der Nettoöffnungsbreiten größer als 50 % der Fassadenbreite ist und der Flächenanteil der Öffnungen an der Fassadenfläche mehr als 50 % beträgt sowie die obere Begrenzung der Öffnung höher als 2 m über der

Tab. 3.9 Anzahl der Sonnenlichtstunden im Jahr für exemplarische Städte

Stadt	Anzahl Sonnenlichtstunden im Jahr
Amsterdam	1850
Berlin	1950
Bern	1950
Wien	1650

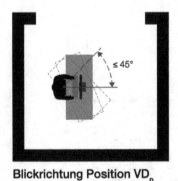

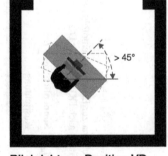

Blickrichtung Position VD$_p$　　　　　　　**Blickrichtung Position VD$_f$**

Abb. 3.16 Schematischer Grundriss zur Bewertung der räumlichen Konfiguration eines Arbeitsplatzes

Fußbodenoberkante liegt. Alle anders konfigurierten Tageslichteintrittsöffnungen gelten als klein. Schließlich wird der Abstand zwischen dem Beobachter und der Sonnenschutzvorrichtung in Metern angegeben und in den Tabellen mit d_w bezeichnet.

Die in Tab. 3.8 angeführten Zahlenwerte stehen für die Materialeigenschaften und die Blendschutzklasse, die ein bestimmter Blendschutz nach EN 14500 in Hinsicht auf dessen Einfluss auf den Sehkomfort realisieren muss. Werden Vorrichtungen mit den entsprechend geforderten Qualitäten vorgesehen, gilt der Schutz vor Blendung durch Tageslicht in der jeweiligen Empfehlungsklasse als gewährleistet.

3.4.2 Tageslichtplanerische Ansätze zur Vermeidung von Blendung

Im Kontext der Tageslichtplanung geht es vorwiegend darum Raumsituationen zu vermeiden, in denen ein Nutzer den Blick häufig gegen die Sonnenscheibe oder sonnenscheibennahe Himmelsregionen richten muss, deren hohe Leuchtdichten zu Blendung führen. Die Wichtigkeit der Besonnung zur Erreichung höherer Helligkeiten im Sinne einer physisch und psychisch ausreichenden Tageslichtversorgung ist dadurch aber nicht infrage gestellt (s. Tab. 3.10).

Daher ist darauf zu achten, dass auf unterschiedliche Tageslichtsituationen mit der Sonne, als sich kontinuierlich bewegende potentielle Blendquelle, flexibel reagiert werden kann. An Arbeitsplätzen sollten Nutzer unterschiedliche Positionen einnehmen können und die Hauptblickrichtung zur Bewältigung der Sehaufgabe sollte veränderbar sein. Ein bedarfsorientierter Blendschutz ist

Tab. 3.10 Leuchtdichten exemplarischer natürlicher Lichtquellen (Zürcher (2018) ergänzt um Sonnescheibe am Horizont aus eigener Messung.)

Lichtquelle	Leuchtdichte in cd/m^2
Nachthimmel	0,001
Graue Wolken	1000
Oberfläche des Vollmonds	2500
Blauer Himmel	3000
Weiße Wolken	10000
Sonnenscheibe am Horizont	6.000.000
Sonnenscheibe am Himmel	1.500.000.000

bereit zu stellen, dessen Wirkung sich auf die Blendung ursächlich bezieht und diese begrenzt, den Lichteintritt in den Innenraum aber nicht räumlich oder zeitlich generell verringert. Transparente Materialien, etwa textile Behänge, dürfen, wenn sie von Tageslicht durchschienen werden, nicht unverhältnismäßig flächig aufleuchten und dadurch zu Blendquellen werden oder den visuellen Komfort in anderer Weise stören. Darüber hinaus ist sicherzustellen, dass die Sonnenscheibe oder sonnenscheibennahe Himmelsbereiche nicht durch Spiegelung an Oberflächen zum Auslöser von Reflexblendungen werden.

Melanopische Lichtwirkungen

4

Dass Licht in vielfacher Weise auf den Menschen wirkt und grundsätzlich in visuelle- und nicht-visuelle Wirkungen unterschieden wird, wurde bereits erwähnt. Die melanopischen Lichtwirkungen zählen zur Gruppe der nicht-visuellen Lichtwirkungen mit einer Reizrezeption im Auge. Die Bezeichnung des Wirkzusammenhangs geht auf den, in den intrinsisch photosensitiven retinalen Ganglienzellen eingelagerten, reaktiven Farbstoff Melanopsin zurück. Dieser ermöglicht, dass Lichtreize aus der Umgebung in den Rezeptorzellen in körpereigene Signale übergeführt werden. Diese werden entlang des sogenannten *retinohypothalamischen* Traktes vom Auge über den Suprachiasmatischen Nucleus, das Zervikalganglion und das Rückenmark bis zur Zirbeldrüse übertragen (Abb. 4.1). So können die, am Auge ankommenden, Lichtreize entsprechende Wirkungen im vegetativen Nervensystem und über die Zirbeldrüse im Hormonsystem auslösen. Treffen an der Zirbeldrüse keine Signale ein beginnt die Abgabe des Hormons Melatonin. Eine Erhöhung des Melatoninspiegels im Blut vermittelt die grundlegende Information über den Umgebungszustand Dunkelheit. Melatonin übernimmt dadurch einen wesentlichen Teil der Aufgabe unterschiedlichste Rhythmen im Körper untereinander und in Bezug auf die Umgebungshelligkeit zu synchronisieren. So entsteht in Analogie zum äußeren Wechsel von Tag und Nacht innerhalb des menschlichen Körpers eine zyklische Abfolge von Aktivitäts- und Regenerationsphase. Diese Abfolge nennt man auch circadianen Rhythmus (vgl. Plischke 2016).

Während visuelle Reize am Auge als Erregungsmuster bis in die primäre Sehrinde des Großhirns übermittelt werden, wodurch eine bewusste Wahrnehmung der Umwelt möglich ist, resultiert die Übermittlung der nicht-visuellen Reize in Erregungszuständen zentraler Hirnregionen. Die Wirkungen dieser Reize bleiben daher unbewusst, was möglicherweise mit ein Grund dafür ist, warum der gesicherte wissenschaftliche Erkenntnisstand zu den melanopischen

© Springer Fachmedien Wiesbaden GmbH, ein Teil von Springer Nature 2020
R. Hammer und M. Wambsganß, *Planen mit Tageslicht*, essentials,
https://doi.org/10.1007/978-3-658-30194-1_4

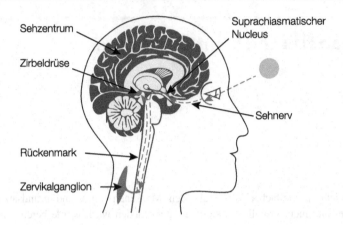

Sehzentrum

Zirbeldrüse

Suprachiasmatischer
Nucleus

Sehnerv

Rückenmark

Zervikalganglion

Abb. 4.1 Der *retino-hypothalamische Trakt*

Lichtwirkungen vergleichsweise jung ist. So wurde der Wirkzusammenhang erst im Jahr 2001 umfassend beschrieben und eine Empfindlichkeitskurve in Analogie zu den spektralen Hellempfindlicheitskurven des tag- bzw. nachtadaptierten Auges $V(\lambda)$ beziehungsweise $V'(\lambda)$ vorgelegt (s. Abb. 4.2) (DIN 5031-3 1982). Schließlich wurde 2014 die Wirkungs-Kurve $S_{mel}(\lambda)$ für melanopische Lichtwirkungen publiziert (vgl. Lucas 2014). Diese Kurve repräsentiert den aktuellen Stand des Wissens und ist Grundlage für Normen und Regelwerke wie beispielsweise die DIN SPEC 5031-100 (2015).

Das Maximum der Wirkungs-Kurve $S_{mel}(\lambda)$ liegt bei 490 nm und damit im blauen beziehungsweise blau-grünen Bereich des Spektrums. Folgende Abläufe im menschlichen Organismus werden als ursächliche, beziehungsweise maßgeblich ursächliche, melanopische Lichtwirkungen angeführt,

- die Suppression des Hormons Melatonin in der Nacht,
- die Verschiebung der circadianen Phase,
- die Änderung der circadianen Amplitude,
- die Aktivierung mit Licht,
- die Steuerung des Pupillenreflexes (DIN SPEC 5031-100 2015).

Da noch nicht alle inhaltlichen Aspekte der DIN SPEC 5031-100 vorbehaltlos akzeptiert sind, kommt dieser aktuell nur der Status einer Vornorm zu. Trotzdem sind die in dem Schriftstück zusammengetragenen Fakten, sowie die darin enthaltenen Rechenvorschriften von großer Bedeutung für die Lichtplanung und insbesondere für die Tageslichtplanung.

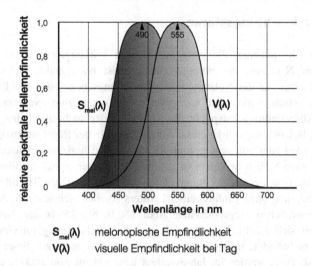

S$_{mel}$(λ)   melonopische Empfindlichkeit
V(λ)   visuelle Empfindlichkeit bei Tag

Abb. 4.2 Empfindlichkeitskurve für melanopische Lichtwirkungen und Helligkeits-empfindlichkeitskurve unter Tageslichtbedingungen des Menschen

Zu beachten ist, dass die Begriffe melanopische und nicht-visuelle Licht-wirkungen in dieser Vornorm oft synonym benutzt werden. Die Vielzahl anderer nicht-visueller Wirkungen die vom Tageslicht, beziehungsweise der solaren Strahlung ausgehen, wie beispielsweise die Bildung von Pre-Vitamin D$_3$ durch UV-B Strahlung in der Haut (vgl. CIE 2006), die Isomerisierung von Bilirubin in der Haut durch blaues Licht (vgl. DIN 5031-10 2000) oder die Erhöhung der Syntheserate nukleärer DNA Stränge in den Mytochondrien durch rotes Licht beziehungsweise infrarote Strahlung (vgl. Karu 2010) werden in der Vornorm nicht angesprochen und werden auch hier nicht weiter ausgeführt.

4.1   Einflussfaktoren auf die melanopischen Lichtwirkungen

Die melanopischen Lichtwirkungen sind nicht durch einen monokausalen Zusammenhang erklärbar, sondern werden durch eine Vielzahl von Faktoren beein-flusst. Von diesen Einflüssen wiederum ist ein Teil unmittelbar planungsrelevant, während der andere Teil individuelle Voraussetzungen und die persönliche Lebens-führung betrifft. Die folgende Zusammenschau beschreibt die planungsrelevanten Faktoren (vgl. Plischke 2006; Verein zur Förderung der Arbeitssicherheit in Europa e. V. 2018).

4.1.1 Beleuchtungsstärke

Ziel einer Lichtplanung, die nicht nur visuelle Wirkungen berücksichtigt, ist neben dem Nachweis der normgerechten, meist horizontalen Beleuchtungsstärke auf einer für die Nutzung relevanten Bezugsebene auch die Ermittlung der melanopisch wirksamen Lichtmenge senkrecht zum Nutzerauge. Bei üblicher Körperhaltung entspricht die vertikale, oder auch eine halbzylindrisch ermittelte, Beleuchtungsstärke dieser Anforderung. In der Regel stehen die Lichtmenge vertikal zum Nutzerauge und die vorhandene horizontale Beleuchtungsstärke in einem Verhältnis von etwa 1:2 bis 1:3. In einer typischen Bürosituation mit einer horizontalen Beleuchtungsstärke von 500 lx auf den Tischflächen der Arbeitsplätze und ohne Einfluss eines Fensters ergeben sich somit in Abhängigkeit der räumlichen Gegebenheiten zirka 150 lx bis 250 lx am Nutzerauge. Dies ändert sich erheblich, wenn sich eine Tageslichtöffnung im Gesichtsfeld des Nutzers befindet, insbesondere wenn der Nutzer nahe zu dieser Öffnung platziert ist. Dann werden im Jahresverlauf häufig Werte von 1000 lx und mehr am Nutzerauge erreicht. Dies ist ein erster Hinweis auf die besondere Bedeutung von Tageslicht, wenn nicht nur die Belichtung eines Raumes, sondern auch die nicht-visuellen Wirkungen Ziel einer Lichtplanung sind. Angemessene Beleuchtungsstärken um melanopische Wirkungen zu befördern, sowie deren Ermittlung, werden in Abschn. 4.2 beschrieben.

4.1.2 Spektralverteilung der von der Lichtquelle abgegebenen Strahlung

Bedingt durch das Maximum der $S_{mel}(\lambda)$ Wirkungs-Kurve im blauen beziehungsweise blau-grünen Spektrum üben Lichtquellen mit hoher Farbtemperatur, etwa Kaltweiß, einen stärkeren Effekt aus als solche mit niedriger, warmer Farbtemperatur. Eine typische Innenraumbeleuchtung hat im Nichtwohnbereich meist eine Farbtemperatur von 4000 K. Dem stehen Farbtemperaturen von etwa 5800 K aus dem Bereich der Sonnenscheibe und von 10.000 K und mehr aus dem blauen Himmel gegenüber. Die natürlich vorhandene Farbdynamik stellt eine herausragende Qualität des Tageslichts dar. Von den deutlich schwankenden, zu unterschiedlichen Tageszeiten jedoch als jeweils passend empfundenen, Farbtemperaturen gehen entsprechend große Effekte auf die melanopischen Lichtwirkungen aus.

4.1.3   Lichtdosis

Die über die Zeit aufsummierte Lichtmenge, die das Nutzerauge erreicht wird als Lichtdosis bezeichnet. Um melanopische Lichtwirkungen zu erzielen muss die Bestrahlung nicht kontinuierlich erfolgen, sondern kann auch in Intervallen stattfinden. Je höher die Dosis ist, desto größer sind prinzipiell die zu erwartenden Effekte. Allerdings besteht ein physiologischer Dosis-Wirkungszusammenhang, der das melanopische System, vereinfacht ausgedrückt, einen Zustand der Sättigung erreichen lässt. So können beispielsweise die Beleuchtungsverhältnisse im Außenraum an einem trüben Herbsttag einen vergleichbaren Effekt im melanopischen System auslösen, wie jene an einem strahlenden Sommertag. Bei einer quantitativ normgerechten jedoch qualitativ tageslichtfernen Kunstlichtlösung ist dagegen während der Tagesstunden in aller Regel keine nennenswerte melanopisch wirksame Lichtdosis am Auge zu erwarten.

4.1.4   Zeitpunkt der Lichtrezeption

Prinzipiell werden nicht-visuelle Wirkungen zu jedem Zeitpunkt im Tagesverlauf ausgelöst. Allerdings fallen die Reaktionen des Körpers in Bezug auf melanopische Wirkungen im Bereich der circadianen Rhythmik je nach dem Zeitpunkt der Lichtgabe im Tagesverlauf und in Bezug zum individuellen Stand der inneren Uhr eines Menschen unterschiedlich aus. So ist eine entsprechende Lichtrezeption am Vormittag für dieses System erwünscht und zeigt entsprechend positive Auswirkungen, etwa in Hinsicht auf eine Stabilisierung des Rhythmus. Dem gegenüber kann eine Aktivierung durch Licht in den Abend- beziehungsweise Nachtstunden die genau gegenteilige Wirkung hervorrufen und destabilisierend sein.

4.1.5   Lichthistorie

Die melanopischen Wirkungen sind abhängig von der vorangegangenen Lichtexposition. Je geringer die Lichtdosis zu Tagzeiten ist, desto empfindlicher reagiert der Körper auf Licht in den Abendstunden. Im Umkehrschluss ergibt sich ein Hinweis auf die Wichtigkeit der Bereitstellung physiologisch wirksamer Lichtmengen in den Vormittagsstunden, wie schon unter Abschn. 4.1.4 erläutert wurde.

4.1.6   Räumliche Lichtverteilung

Die melanopischen Wirkungen, die von einer punktförmigen Lichtquelle hervorgerufen werden können sind bei gleicher Beleuchtungsstärke am Auge geringer, als jene die von einer räumlich ausgedehnteren Lichtquelle hervorgerufen werden. Darüber hinaus gibt es Hinweise, dass die Wirkung einer solchen Fläche größer ist, wenn sie sich im oberen Halbraum des Gesichtsfeldes befindet. Einer spekulativen Logik folgend, könnte hierfür die Anpassung des Menschen an die ausgedehnte leuchtende Fläche des Himmels ursächlich sein.

4.1.7   Transmissionseigenschaften der Tageslichteintrittsflächen

Das Spektrum einer Lichtquelle ist von Bedeutung, wenn deren nicht-visuelle Wirkungen bewertet werden sollen. Für die Tageslichtplanung ist es daher von Bedeutung, sich mit den spektralen Einflüssen von transmittierenden Materialien auf melanopisch bewertete lichttechnische Größen zu beschäftigen und sich deren Einflüsse zu vergegenwärtigen. Auch wenn sich der Zusammenhang einer $V(\lambda)$ und einer $S_{mel}(\lambda)$ bewerteten Betrachtung der Transmission für die meisten neutralen Verglasungen als weitestgehend linear darstellt, ist doch nicht auszuschließen, dass beispielsweise hochselektive Sonnenschutzgläser ein anderes, gegebenenfalls auch schlechteres, Verhalten in Hinsicht auf die melanopische Wirksamkeit der durchgelassenen Strahlung aufweisen könnten. Für Glashersteller mag es daher eine spezielle Herausforderung darstellen $S_{mel}(\lambda)$ bewertet besonders gut transmittierende Gläser zu entwickeln.

4.1.8   Reflexionseigenschaften der raumumschließenden Flächen

An farbneutral ausgeführten raumschließenden Flächen findet keine nennenswerte spektrale Veränderung des von der Lichtquelle abgestrahlten Lichtes auf seinem Weg zum Auge statt. Sobald aber Farbigkeit auftritt, selbst stark abgemischt in weißer Farbe, müssen die spektralen Veränderungen des Lichtes bei der Reflektion berücksichtigt werden. Der Reflexionsgrad eines Materials wird in der Regel mit der $V(\lambda)$ Funktion der visuellen Wirkungen ermittelt. Zur Bewertung melanopischer Wirkungen kann aber auch die $S_{mel}(\lambda)$ Wirkungs-Kurve angewendet werden. Dabei zeigt sich, dass bei einem visuell bewertet identischen Reflexionsgrad einer leicht blau und einer leicht gelb abgetönten Farbe, die bläuliche Farbe einen höheren und die gelbliche Farbe einen niedrigeren melanopisch bewerteten Reflexionsgrad aufweist. Als Beispiel sei hier ein Nordshed genannt, das in unbehandeltem Holz ausgeführt, wesentliche Teile der im Tageslicht enthaltenen blauwelligen Spektralanteile absorbiert. Durch einen weißen Anstrich konnte der melanopisch bewertete Reflexionsgrad von zirka 50 % auf rund 80 % gesteigert werden.

4.1.9 Individuelle Faktoren

Neben diesen, im Rahmen einer Planung prinzipiell beinflussbaren Faktoren, haben auch individuelle, nutzerabhängige Faktoren Auswirkungen auf die nicht-visuellen Wirkungen. Neben gegebenenfalls vorhandenen Erkrankungen ist dies im Bereich der melanopischen Wirkungen der Chronotyp eines Menschen, der im Wesentlichen genetisch determiniert ist. Er verändert sich in der Phase des Heranwachsens und später nochmals im Alter. Je nach Chronotyp sind die Phasen in denen melanopische Reize besonders ausgeprägte Wirkung zeigen im Tageslauf möglicherweise gegenüber jenen eines durchschnittlichen Probanden nach vorne oder hinten verschoben. Das Alter eines Menschen spielt zudem für die Ausprägung visueller wie nicht-visueller Wirkungen eine Rolle. So beziehen sich die in der Normung genannten Beleuchtungsstärkewerte in aller Regel auf einen 32-jährigen „Normalbeobachter". Mit zunehmendem Alter nehmen der Pupillendurchmesser ab und die Trübung der Augenlinse zu. Beides führt letztendlich dazu, dass bei gleicher Beleuchtungsstärke am Auge weniger Reize die in der Netzhaut sitzenden Rezeptoren, speziell auch für die melanopischen Wirkungen, erreichen. In der DIN SPEC 5031-100 finden sich dazu Tabellenwerte. Auch im visuellen Bereich weiß man, dass zur Erfüllung einer Sehaufgabe mit zunehmendem Alter mehr Licht benötigt wird, während gleichzeitig die Empfindlichkeit gegenüber Blendung zunimmt. Eine nennenswerte Berücksichtigung der altersabhängigen Effekte findet bei der konventionellen Lichtplanung der visuellen Wirkungen eher selten statt. Für die Planung, speziell auch nicht-visueller Wirkungen, sollten altersabhängige Faktoren aber Berücksichtigung finden sofern eine Nutzergruppe eindeutig definiert werden kann.

4.2   Melanopisch tageslicht-äquivalente Größen für die Planung

Die Planung der visuellen Wirkung von Licht ist weitestgehend standardisiert. Eine Vielzahl von Berechnungswerkzeugen steht zur Verfügung und alle relevanten Daten liegen in entsprechender Form vor. Das bedeutet, dass beispielsweise die Reflexion eines Materials, ebenso wie die Angabe eines Lichtstroms, immer auf der $V(\lambda)$ Funktion basieren. Soll in einem Projekt auch eine Aussage zur nicht-visuellen Wirkung von Licht getätigt werden, müssen sowohl die Planungsziele als auch die üblicherweise verwendeten, visuell bewerteten, lichttechnischen Größen angepasst werden. Ziel einer solchen Planung ist dann nicht mehr nur eine horizontale Beleuchtungsstärke auf einer Nutzebene nachzuweisen, sondern auch die nicht-visuell wirksame Lichtmenge senkrecht zum Nutzerauge.

Als gängige Zielgröße für den Nachweis einer melanopisch wirksamen Lichtsituation wird aktuell eine melanopisch tageslicht-äquivalente Beleuchtungsstärke $E_{v, \text{mel, D65}}$ von 240 lx am Nutzerauge genannt. Dieser Wert stellt aber keinen Schwellenwert im engen Sinn dar, man geht vielmehr davon aus, dass sich beim Erreichen dieses Wertes zum geeigneten Zeitpunkt im Tagesverlauf bei einem 32-jährigen Normalbeobachter die entsprechenden positiven Wirkungen einstellen.

In der DIN SPEC 5031:100 (2015) ist erläutert, wie aus photometrischen Größen melanopisch bewertete Größen errechnet werden können. Im Folgenden werden die, für diese Umrechnung wesentlichen, Größen und Rechenverfahren erklärt und das Vorgehen anhand ausgewählter Beispiele veranschaulicht. Der Index v kennzeichnet dabei photometrische, also mit $V(\lambda)$ bewertete Größen, um diese von radiometrischen Größen sicher unterscheiden zu können. Die Umrechnung von photometrischen Größen zu melanopisch bewerteten, Normlichtart D65 äquivalenten, Größen erfolgt in drei Schritten. Als Normlichtart wird dabei ein genormtes repräsentatives Spektrum bezeichnet. So beschreibt die Normlichtart D65 ein Tageslichtspektrum mit einer Farbtemperatur von 6500 K.

4.2.1   Melanopischer Wirkungsfaktor $a_{\text{mel, v}}$

Im ersten Schritt wird der dimensionslose melanopische Wirkungsfaktor $a_{\text{mel, v}}$ errechnet. $a_{\text{mel, v}}$ ist abhängig von der spektralen Zusammensetzung des, von einer Lichtquelle abgegebenen, Lichts. Wird das Licht mit der visuellen Wirkfunktion $V(\lambda)$ und der melanopischen Wirkfunktion $S_{\text{mel}}(\lambda)$ bewertet, führt das zu unterschiedlichen Ergebnissen, da die Kurven der beiden Wirkfunktionen unterschiedliche Bereiche des Spektrums des von der Lichtquelle abgegebenen Lichts abdecken. Die für ausgewählte Lichtarten jeweils berechneten Wirkungsfaktoren $a_{mel, v}$ sind in Tab. 4.1 exemplarisch angeführt.

4.2.2   Melanopisches Tageslichtäquivalent $K_{mel, D65}$

In einem zweiten Schritt wird das melanopische Tageslichtäquivalent $K_{mel, D65}$ berechnet. Die Formel dafür lautet:

$$K_{mel, D65} = \frac{K_m}{a_{mel, v, D65}}$$

Mit:

K_m maximales photometrisches Strahlungsäquivalent in lm/W

$a_{mel, v, D65}$ melanopischer Wirkungsfaktor für die Normlichtart D65

Das melanopische Tageslichtäquivalent $K_{mel, D65}$ ergibt sich dabei aus der Multiplikation des Kehrwerts des melanopischen Wirkungsfaktors für die Normlichtart D65 mit dem Maximalwert des photometrischen Strahlungsäquivalentes K_m. Das photometrische Strahlungsäquivalent gibt dabei den Umfang des Helligkeitseindrucks an, der durch eine bestimmte Strahlungsleistung am Auge hervorgerufen wird. Das spektrale photometrische Strahlungsäquivalent $K(\lambda)$ ist somit der Quotient aus dem Lichtstrom und der Strahlungsleistung der monochromatischen Strahlung mit der Wellenlänge λ. Der Maximalwert des photo-

Tab. 4.1 Wirkungsfaktor $a_{mel, v}$ zu ausgewählten Lichtarten

Lichtart	Farbtemperatur (CCT)	Wirkungsfaktor $a_{mel, v}$
Normlichtart A (Glühlampe)	2856 K	0,449
Normlichtart D65 (natürliches Tageslicht)	6500 K	0,906
Lichtart 11 nach CIE (Fluoreszenz Lampe)	4000 K	0,510
Leuchtstofflampe, weiß	8000 K	0,867
Leuchtstofflampe, weiß	13650 K	1,004
LED, weiß	3075 K	0,387
LED, weiß	4250 K	0,669
LED, weiß	6535 K	0,725

metrischen Strahlungsäquivalentes K_m ergibt sich für das visuelle System des Menschen bei einer Wellenlänge von 555 nm und liegt bei 683 lm Lichtstrom je Watt Strahlungsleistung. Nach Tab. 4.1 beträgt der melanopische Wirkungsfaktor $a_{mel, v}$ für die Normlichtart D65 den Wert von 0,906. Damit kann man für das melanopische Tageslichtäquivalent $K_{mel, D65}$ einen Wert von 753,86 lm/W errechnen.

Melanopische tageslichtäquivalente Beleuchtungsstärke $E_{v, mel, D65}$
Schließlich kann, in einem dritten Schritt, aus der photometrischen, also visuell bewerteten, Beleuchtungsstärke E_v eine melanopische tageslichtäquivalente Beleuchtungsstärke $E_{v, mel, D65}$ berechnet werden. Dazu muss die photometrische Größe E_v mit dem melanopischen Wirkungsfaktor $a_{mel, v}$ einer bestimmten Lichtart sowie dem auf das maximale photometrische Strahlungsäquivalent bezogenen melanopische Tageslichtäquivalent multipliziert werden. Die Formel dazu lautet:

$$E_{v, mel, D65} = \frac{K_{mel, D65}}{K_m} \times a_{mel, v} \times E_v = 1,10375 \times a_{mel, v} \times E_v$$

Mit:

$K_{mel, D65}$	melanopisches Tageslichtäquivalent
K_m	maximales photometrisches Strahlungsäquivalent in lm/W
$a_{mel, v}$	melanopischer Wirkungsfaktor für eine bestimmte Lichtart
E_v	Beleuchtungsstärke visuell bewertet

Wenn am Auge eines Nutzers beispielsweise eine Beleuchtungsstärke E_v von 240 lx gemessen wird und als Lichtquelle eine Glühlampe zum Einsatz kommt, entspricht dies nach obiger Formel einer melanopisch tageslichtäquivalenten Beleuchtungsstärke $E_{v, mel, D65}$ von 118,9 lx.

$$E_{v, mel, D65} = 1,10375 \times 0,449 \times 240 = 118,9$$

Bei einer Lichtlösung auf Basis einer LED mit einer Lichtfarbe von 4250 K resultiert draus ein $E_{v, mel, D65}$ von 177,2 lx.

$$E_{v, mel, D65} = 1,10375 \times 0,669 \times 240 = 177,2$$

Bei Einsatz von Tageslicht entspricht $E_{v,\,\mathrm{mel},\,\mathrm{D65}}$ 240 lx.

$$E_{v,\,\mathrm{mel},\,D65} = 1{,}10375 \times 0{,}906 \times 240 = 240$$

Die ausführliche Darstellung der Rechenregeln finden sich in der DIN SPEC 5031:100. Schließlich ist darauf hinzuweisen, dass im englischen Sprachgebrauch für $E_{v,\,\mathrm{mel},\,\mathrm{D65}}$ auch die Abkürzung MEDI für *melanopic equivalent daylight illuminance* verwendet wird.

Schnittstellen 5

Eine ausreichende Tageslichtversorgung von Innenräumen sicher zu stellen ist besonders herausfordernd, weil die unterschiedlichen Wirkungen die vom Tageslicht, beziehungsweise der terrestrischen Solarstrahlung, im Zusammenspiel mit dem gebauten Raum, ausgehen vielfältig sind. Zielkonflikte können sich ergeben, die im Sinne der Optimierung des Gesamtergebnisses aktiv und zeitgerecht, oftmals an Schnittstellen zu andern Planungsdisziplinen aufzulösen sind.

5.1 Tageslicht und Kunstlicht

Der Anteil der Nutzungsstunden eines Jahres, in denen ein Raum oder ein Arbeitsplatz ausreichend mit Tageslicht versorgt ist, ohne dass Kunstlicht hinzugeschaltet werden muss, wird als Tageslichtautonomie bezeichnet. Die Berechnung der Tageslichtautonomie eines Innenraumes erfolgt unter Bezugnahme auf das Tageslichtangebot im Außenraum. Als Basis für die Berechnung können die Daten eines entsprechenden Testreferenzjahres herangezogen werden, oder es wird die Sonnenscheinwahrscheinlichkeit an einem bestimmten Standort hinterlegt, welche die tatsächliche Sonnenscheindauer gegenüber der astronomisch möglichen angibt. Im Kontext der Entwicklung der EN 17037 ist der Begriff der Tageslichtautonomie präzisiert, mit lokalen Klimadaten verknüpft und auch räumlich determiniert worden. Demzufolge beschreibt Tageslichtautonomie den Anteil der Nutzungsstunden, meistens auf die tatsächliche Nutzungszeit eines Gebäudes bezogen, in denen mindestens 50 % des Nutzungsbereichs eines Raumes mit einer Tageslichtbeleuchtungsstärke von 300 lx oder mehr beleuchtet werden. Folgt man dieser Definition der Tageslichtautonomie kann unter den solaren Klimabedingungen in den mittleren Breitengraden Europas

© Springer Fachmedien Wiesbaden GmbH, ein Teil von Springer Nature 2020   51
R. Hammer und M. Wambsganß, *Planen mit Tageslicht, essentials,*
https://doi.org/10.1007/978-3-658-30194-1_5

in den Sommermonaten durchaus eine Tageslichtautonomie von 100 % erreicht
werden, während das winterliche Tageslicht zumeist mit Kunstlicht ergänzt, oder,
am Tagesrand, auch gänzlich durch Kunstlicht ersetzt werden muss.

Speziell für die Situationen in denen es gilt Tageslicht mit Kunstlicht zu
ergänzen, ist eine entsprechende frühzeitige Abstimmung von Tages- und Kunst-
lichtplanung zielführend. Auf die, im Jahresgang zeitlich und räumlich unterschiedlichen, Tageslichtbeleuchtungssituationen muss entsprechend mit einer
Kunstlichtlösung reagiert werden können, etwa über eine tageslichtabhängige
zeitliche Steuerung der Kunstlichtanlage, durch die räumliche Auslegung von
Steuergruppen, beziehungsweise durch die Festlegung von Leuchtengruppen im
Kontext der Tageslichtverteilung im Innenraum.

5.2   Tageslicht als Faktor in der thermischen Bauphysik

Aus Sicht der thermischen Bauphysik ist Licht ein Teil der solaren Strahlung,
die zunächst in ihrer Gesamtheit in die Energiebilanzierung des Gebäudes ein-
geht. Die solare Strahlung spielt hierin, eine wesentliche Rolle, sowohl die Verringerung des Heizenergiebedarfs betreffend, als auch in Bezug auf ein erhöhtes
Risiko sommerlicher Überhitzung. Vorrangig ist dabei der Effekt des Strahlungs-
durchgangs durch transparente Flächen, deutlich geringer die Effekte der solaren
Einstrahlung auf opake Hüllflächen. Es ergibt sich bereits zwischen den beiden
thermischen Zielen eines minimierten Heizenergiebedarfs und eines optimierten
thermischen Sommerkomforts ein planerischer Abstimmungsbedarf, welcher
durch die Anforderungen zudem auch eine adäquate Tageslichtversorgung sicher
zu stellen noch dringlicher erscheint. Die Aufgabe einer frühzeitigen Abstimmung
zwischen den Planungen betreffend das Tageslicht und die thermische Bauphysik
besteht demnach in einem Ausgleich zwischen den Ansprüchen des winterlichen
Wärmeschutzes, des sommerlichen Überhitzungsschutzes sowie der quantitativ
ausreichenden und spektral ausgewogenen Versorgung mit Tageslicht über den
gesamten Jahresverlauf. Ein zentrales, wenn auch bei weitem nicht das einzige,
Feld dieser Abstimmung ist die Wahl der Eigenschaften von Verglasungen sowie
von Sonnen- und Blendschutz. Die Beurteilung der Verglasungen erfolgt dabei
sinnvollerweise immer in der Gesamtheit der Qualitäten des Wärmeschutzes, ausgedrückt durch den Wärmedurchgangskoeffizient U, des Strahlungsdurchlasses,
beschrieben durch den Gesamtenergie-Durchlassgrad g, des Lichtdurchlasses,
angegeben durch den Lichttransmissionsgrad τ_v sowie der Farbwiedergabe,
quantifizierbar etwa durch den Farbwiedergabeindex Ra.

Der Wärmedurchgangskoeffizient, abgekürzt als U-Wert bezeichnet, ist ein Maß für den Wärmestromdurchgang durch eine oder mehrere Materialschichten, an deren beiden äußeren Seiten unterschiedliche Temperaturen anliegen. Die Einheit des U-Wertes in W/m^2K definiert die Energiemenge pro Zeiteinheit, die durch eine Fläche von einem Quadratmeter fließt, wenn sich auf beiden Seiten die Lufttemperatur um ein Kelvin unterscheidet. Grundsätzlich gilt, je höher der Wärmedurchgangskoeffizient, desto schlechter die Wärmedämmeigenschaft eines Bauteils. Für mehrschichtig aufgebaute Funktionsglasscheiben ist in diesem Kontext zu beachten, dass jede zusätzliche Scheibe den Wärmeschutz nur degressiv verbessert während der Tageslichteintrag proportional sinkt (s. Abb. 5.1).

Der Gesamtenergiedurchlass, abgekürzt als g-Wert bezeichnet, ist ein Maß für die Durchlässigkeit von transparenten Bauteilen für Energie. Er wird aus der Summe des direkt durchgelassenen Strahlungsanteils des gesamten terrestrischen solaren Spektrums und der sekundären Strahlungsemission q_i, welche die Wärmeabstrahlung nach innen in Folge von Strahlungsabsorption an der Scheibe darstellt, gebildet. Der g-Wert wird anteilig ausgedrückt. So entspricht ein g-Wert von 0,5 einem Gesamtenergiedurchlass von 50 % der eingestrahlten Energie. Im Kontext der Tageslichtplanung ist zu beachten, dass eine Verringerung des g-Wertes die Gefahr sommerlicher Überhitzung vermindert, dies aber nicht zu Lasten einzelner Spektralanteile, etwa des roten oder infraroten Spektrums gehen sollte, sondern ein ausgewogene Verteilung und entsprechend gute Farbwiedergabe anzustreben ist.

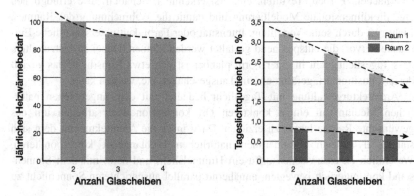

Abb. 5.1 Vergleich der Veränderungen von Wärmeschutz und Lichteintrag mit zunehmender Scheibenanzahl einer Funktionsglasscheibe

Sinnvoll ist es auch, die solaren Einträge nur dann zu reduzieren, wenn das in Hinsicht auf die Gefahr der Überhitzung des Innenraums tatsächlich notwendig ist, also vorzugsweise mit effektivem variablen Sonnenschutz anstelle von Sonnenschutzverglasungen zu arbeiten und Lichteintrittsöffnungen gezielt zu positionieren und zu dimensionieren. Eine für die Beschreibung der Leistungsfähigkeit eines Sonnenschutzes eingeführte Größe ist der Abschattungswert, kurz als Fc-Wert bezeichnet. Der Abschattungswert ist jener Faktor, mit dem der Gesamtenergiedurchlass eines Fensters multipliziert werden muss, um die Abminderung des Energiedurchlasses durch das Sonnenschutzsystem abzubilden. Der Fc-Wert wird als dimensionslose Zahl zwischen 0 und 1 oder als Prozentwert angegeben. Je kleiner der Fc-Wert, umso effizienter ist der Sonnenschutz. Da die Wirksamkeit des Sonnenschutzsystems unmittelbar auf den Gesamtenergiedurchlassgrad Einfluss nimmt, wird auf die gesonderte Angabe eines Fc – Wertes zunehmend verzichtet und nur mehr der Gesamtenergiedurchlass unter Berücksichtigung der Effekte des Sonnenschutzes angegeben. Aus Sicht der thermischen Wirksamkeit sind, neben den Eigenschaften des Sonnenschutzes, insbesondere dessen Positionierung in Bezug auf die Verglasung sowie die Qualität der Verglasung an sich zu beachten.[1]

5.3 Tageslicht als Mittel der Architekturgestaltung

Licht ist ein wesentlicher Gestaltungsparameter in der Architektur. Licht macht Oberflächen, Farben, Texturen, etc. erst erkennbar. Schattenwürfe ermöglichen eine dreidimensionale Modellierung und damit die Wahrnehmung des Raumes. Licht ruft durch seine Verteilung, Intensität oder Farbigkeit unterschiedliche Eindrücke hervor, die entsprechend gestaltet werden können. Dabei ist festzuhalten, dass Tageslicht nicht in einer Form planbar ist wie etwa Kunstlicht, das gezielt dosiert, positioniert, gefärbt, ein- und ausgeschaltet, etc. werden kann.

Architekturgestaltung mit Tageslicht bedeutet mit dem angebotenen natürlichen Medium an einem konkreten Ort konzeptionell zu arbeiten um das gewünschte Raumerlebnis zu erzielen. Dazu muss die Architektur mit dem sich ständig dynamisch verändernden natürlichen Lichtangebot korrespondieren. Wesentlich ist es zwischen diffusem Himmelslicht und dem, mit dem Sonnenstand kontinuierlich bewegten, annähernd parallel ausgerichteten Sonnenlicht zu

[1]DIN EN 13363 (2005).

differenzieren und einen Baukörper gezielt in diesen sich verändernden Lichtraum einzufügen. Welche Außen- und Innenoberflächen sollen direkt beleuchtet werden können, wo sollen scharf begrenzte Schattenlinien verlaufen, wo diffuse Übergänge von hell nach dunkel entstehen.

Die gezielte Wahl von Position, Größe, Zuschnitt und Ausrichtung von Tageslichtöffnungen ist zentrales Mittel der Gestaltung. Je nach Konfiguration von Lichteintritt zu innenräumlichen Reflexionsflächen können sich mit dem Tagesgang bewegende Lichtpunkte oder diffus aufleuchtende Flächen generiert werden. Farben können in den Raum reflektiert werden, Verschattungen oder deutliche Aufhellungen die Raumkonturen verschwimmen lassen oder akzentuieren.

Jenseits aller technischen und normativen Vorgaben und über routinierte Vorgangsweisen der Planung hinaus muss dem sensiblen, situationsbezogenen Umgang mit Tageslicht bei der Gestaltung von Architektur spezielle Aufmerksamkeit gewidmet werden. Denn Licht ist ursächlich für ein großen Teil unserer bewussten und unbewussten sinnlichen Wahrnehmungen verantwortlich. Dabei kommt dem Tageslicht besondere Bedeutung zu, war es doch von Beginn an prägend für die evolutionäre Entwicklung des Menschen und seine Kultur. Von der Qualität des Lichts gehen emotionale Wirkungen aus, die im Zusammenspiel mit dem Raum Stimmungen erzeugen. Es ist legitim anzunehmen, dass die Stimmungen, die Tageslicht hervorzurufen vermag zumindest intersubjektiv sind. Das bedeutet, dass die eindrückliche Gestaltung eines Raumes mit Tageslicht das gemeinsame Erleben von Atmosphäre ermöglicht.

Erratum zu: Was ist Tageslicht

6

Erratum zu:
Kapitel 1 in: R. Hammer und M. Wambsganß,
Planen mit Tageslicht, **essentials,**
https://doi.org/10.1007/978-3-658-30194-1_1

Die Originalversion dieses Kapitels wurde auf Seite 5 mit einer fehlerhaften Angabe veröffentlicht.

Dies ist nun korrigiert und lautet wie folgt:

Unter Tagesbedingungen und bei Leuchtdichten zwischen $0{,}001\ \text{cd/m}^2$ und $10^4\ \text{cd/m}^2$ sind im menschlichen Auge die Zapfenrezeptoren in ihren drei Typen aktiv.

Die korrigierte Version des Kapitels ist verfügbar unter
https://doi.org/10.1007/978-3-658-30194-1_1

Was Sie aus diesem *essential* mitnehmen können

- Kenntnisse über die lichttechnischen Grundgrößen und die wesentlich Eigenschaften des Tageslichts.
- Methoden, Werkzeuge und Zielvorgaben für das Planen mit Tageslicht in der Praxis.
- Kompetenzen für die Bewertung von Tageslichtqualität.
- Grundlagenwissen über die visuelle und nicht visuelle Wahrnehmung und ihre Wirkungen auf den Menschen.
- Überblick über mit der Tageslichtplanung verknüpften Planungsdisziplinen.

© Springer Fachmedien Wiesbaden GmbH, ein Teil von Springer Nature 2020
R. Hammer und M. Wambsganß, *Planen mit Tageslicht*, essentials,
https://doi.org/10.1007/978-3-658-30194-1

Literatur

Baer, R., Barfuss, H. & Seifert, D. (2016). *Beleuchtungstechnik, Grundlagen.* 4. Aufl. Berlin: Verl. Technik.

Barrett, P., Davies, F., Zhang, Y. & Barrett L. (2015). The impact of classroom design on pupils' learning; final results of a holistic, multi-level analysis. *Building and Environment 89*, 118–133.

CIE 174 (2006): *Action Spectrum for the Production of Previtamin D3 in Human Skin.*

CIE(2003): *Spatial Distribution of Daylight – CIE Standard General Sky,* Joint ISO/CIE Standard, CIE TC 3–15, Commission Internationale de l'Eclairage Central Bureau, Vienna.

Deutsche Lichttechnische Gesellschaft e. V. (Hrsg.) (2016): de Boe, J. et al. Tageslicht kompakt Tageslichttechnik und Tageslichtplanung in Gebäuden. *LiTG-Fachgebiet Tageslicht, 33.*

DIN 5031 (1982): *Strahlungsphysik im optischen Bereich und Lichttechnik. Teil 3: Größen, Formelzeichen und Einheiten der Lichttechnik.* Berlin: Beuth-Verlag.

DIN 5031 (2000): *Strahlungsphysik im optischen Bereich und Lichttechnik. Teil 10: Größen, Formeln und Kurzzeichen für photobiologisch wirksame Strahlung.* Berlin: Beuth-Verlag.

DIN 6169-2 (1976): *Farbwiedergabe; Farbwiedergabe-Eigenschaften von Lichtquellen in der Beleuchtungstechnik.* Berlin: Beuth Verlag.

DIN EN 12216 (2018): *Abschlüsse – Terminologie, Benennungen und Definitionen.* Berlin: Beuth Verlag.

DIN EN 12464-1 (2011): *Beleuchtung von Arbeitsstätten, Teil 1: Arbeitsstätten in Innenräumen.* Berlin: Beuth Verlag.

DIN EN 13363 (2005): *Sonnenschutzeinrichtungen in Kombination mit Verglasungen – Berechnung der Solarstrahlung und des Lichttransmissionsgrades.* Berlin: Beuth Verlag.

DIN EN 14500 (2008): *Abschlüsse – Thermischer und visueller Komfort – Prüf- und Berechnungsverfahren.* Berlin: Beuth Verlag.

DIN EN 17037 (2019): *Tageslicht in Gebäuden.* Berlin: Beuth Verlag.

DIN EN 410 (1991): *Glas im Bauwesen – Bestimmung des Lichttransmissionsgrades, direkter Sonnenenergietransmissionsgrad, Gesamtenergiedurchlassgrad, UV-Transmissionsgrad und damit zusammenhängende Glasdaten.* Berlin: Beuth Verlag.

© Springer Fachmedien Wiesbaden GmbH, ein Teil von Springer Nature 2020
R. Hammer und M. Wambsganß, *Planen mit Tageslicht,* essentials,
https://doi.org/10.1007/978-3-658-30194-1

DIN SPEC 5031-100 (2015): *Strahlungsphysik im optischen Bereich und Lichttechnik– Teil 100: Über das Auge vermittelte, nichtvisuelle Wirkung des Lichts auf den Menschen – Größen, Formelzeichen und Wirkungsspektren*. Berlin: Beuth Verlag.

DIN SPEC 67600 (2013): *Biologisch wirksame Beleuchtung – Planungsempfehlungen*. Berlin: Beuth Verlag.

Gueymard, C. & Kambezidis, H. (2004): Solar Spectral Radiation. In Muneer, T. et al. (Ed.): *Solar Radiation & Daylight Models*, 2nd ed. (S. 221–301). Oxford: Butterworth-Heinemann.

Institut für Arbeitsschutz der Deutschen Gesetzlichen Unfallversicherung (IFA) (Hrsg.); Wittlich, M. (2010): *Blendung; Theoretischer Hintergrund*. Sankt Augustin.

ISO 15469 (2004): *Spatial distribution of daylight – CIE standard general sky*. American National Standards Institute.

Jantunen, M., Hänninen, O., Katsouyanni, K., Knöppel, K., Künzli, N., Lebret, E., Mfaroni, M., Saarela, K., Sram, R. & Zmirou D. (1998): Air pollution exposure in European cities: The EXPOLIS study. *Journal of Exposure Analysis and environmental Epidemiology 8*, 4, 495–518.

Karu, T. (2010): Multiple Roles of Cytochrome c Oxidase in Mammalian Cells Under Action of Red and IR-A Radiation. *IUBMB Life, Critical Review 62* (8), 607–610.

Lucas, R., Peirson, S., Berson, D., Brown, T., Cooper, H., Czeisler, C., Figueiro, M., Gamlin, P., Lockley, S., O'Hagan, J., Price, L., Provencio, I., Skene, D. & Brainard, G. (2013): Measuring and using light in the melanopsin age. *Trends Neurosci. Jan*; *37* (1):1–9. doi: 10.1016/j.tins.2013.10.004. Epub 2013 Nov 25.

Muneer, T. et al. (2004): *Solar Radiation & Daylight Models*. 2. Aufl. Oxford: Butterworth-Heinemann.

OENORM EN 17037 (2019): *Tageslicht in Gebäuden*. Austrian Standards.

OENORM M 7701 (2004): Bbl 2, *Sonnentechnische Anlagen: Allgemeine Kennwerte zur Bemessung von passiven Anlagen und von Flachkollektoren in Warmwasser-Aufbereitungsanlagen*. Austrian Standards.

Park, M., Chai C., Lee H., Moon H. & Noh J. (2018). The Effects of Natural Daylight on Length of Hospital Stay. *Environ Health Insights 12*.

Plischke, H. (2016): Nicht-visuelle Wirkung von Licht und Strahlung. In Baer, R., Barfuss, H. & Seifert, D. (Hrsg.) *Beleuchtungstechnik, Grundlagen* (S. 92–94), 4. Aufl., Berlin: Verl. Technik.

Schierz, C. (2016): Physiologische und psychologische Grundlagen. In Baer, R., Barfuss, H. & Seifert, D. (Hrsg.) *Beleuchtungstechnik, Grundlagen* (S. 69–91), 4. Aufl., Berlin: Verl. Technik.

SN EN 17037 (2019): *Tageslicht in Gebäuden*. Berlin: Beuth Verlag.

VELUX (2010): *Sonnenlichtsimulation in Stundenschritten*: Donau-Uni Krems, Department für Bauen und Umwelt, Erdgeschossmodel des Sunlighthouse in A – 3013 Pressbaum, Grenzgasse 9; aus dem VELUX – Modelhome 2020 Programm, Architekt Juri Troy, Fertigstellung.

Verein zur Förderung der Arbeitssicherheit in Europa e.V. (VFA) (Hrsg.) (2018): Kantermann, T., Schierz, C. & Harth V.: Gesicherte arbeitsschutzrelevante Erkenntnisse über die nichtvisuelle Wirkung von Licht auf den Menschen; Eine Literaturstudie; Sankt Augustin; Studie der Kommission Arbeitsschutz und Normung.

Völker, S. (2016): Lichttechnische und optische Grundlagen. In: Baer, R., Barfuss, H. & Seifert, D.: *Beleuchtungstechnik, Grundlagen* (S. 22–28). 4. Aufl., Berlin: Verl. Technik.

Zürcher, C. & Frank T. (2018): *Bauphysik* (Seite 129–132) 5. Aufl., Zürich: vdf Hochschulverlag ETH.

Printed in the United States
By Bookmasters